Access 数据库应用基础实验指导

主 编 刘凌波

科学出版社

北 京

内 容 简 介

　　本书是《Access 数据库应用基础》(刘凌波主编)一书的配套实验指导书,以帮助学生在学习 Access 数据库基本知识和基本操作的基础上,进一步巩固和练习相关知识点,从而提高分析问题和解决问题的能力。

　　本书包括 7 部分内容:Access 2010 数据库、表、查询、程序设计基础、窗体、报表和宏。内容编排紧贴主教材,实验内容丰富,图文并茂,实验步骤清晰翔实。

　　本书适合作为高等院校学生学习 Access 数据库的实验教材,也可作为计算机等级考试的参考用书或培训实验教材,同时也可供办公自动化人员自学参考。

图书在版编目(CIP)数据

Access 数据库应用基础实验指导 / 刘凌波主编. —北京:科学出版社,2015.8
ISBN 978-7-03-045169-9

Ⅰ. ① A⋯　Ⅱ. ①刘⋯　Ⅲ. ①关系数据库系统-高等学校-教材
Ⅳ. ①TP311.138

中国版本图书馆 CIP 数据核字(2015)第 154010 号

责任编辑:王正飞　匡敏 / 责任校对:郭瑞芝
责任印制:霍　兵 / 封面设计:迷底书装

科 学 出 版 社 出版
北京东黄城根北街 16 号
邮政编码:100717
http://www.sciencep.com

三河市荣展印务有限公司 印刷

科学出版社发行　各地新华书店经销

*

2015 年 8 月第 一 版　　开本:787×1092　1/16
2018 年 8 月第四次印刷　　印张:8 1/2
字数:201 000

定价:**23.00 元**

(如有印装质量问题,我社负责调换)

前　言

Access 是 Microsoft Office 的一个组成部分，是当前应用广泛的关系型数据库管理系统之一，功能强大、界面友好、易学易用。

本书是《Access 数据库应用基础》（刘凌波主编）一书的配套实验指导书，帮助学生在学习 Access 数据库基本知识和基本操作的基础上，进一步巩固练习相关知识点，从而提高分析问题和解决问题的能力。

本书包括 7 部分内容：Access 2010 数据库、表、查询、程序设计基础、窗体、报表和宏，各章实验后还配有练习题。内容编排紧贴主教材，实验内容丰富，图文并茂，实验步骤清晰翔实。

参加编写本书的教师有朱小英、丁元明、赵明、黄波、刘凌波、吕捷和周松，由刘凌波组织、审阅、统稿。

本书可作为高等学校非计算机专业计算机公共基础课程实验教材，也还可作为全国计算机等级考试二级 Access 数据库程序设计的参考用书或培训实验教材，也可作为办公自动化人员学习数据库开发的参考书。

感谢给予本书大力支持以及提出许多宝贵意见和建议的人们！同时向本书编写过程中参考的文献资料的作者们表示感谢！

由于编写时间仓促，不足之处在所难免，敬请广大同行和读者批评指正（E-mail：njuellb@126.com）。

编　者
2015 年 6 月

目　　录

实验 1　Access 2010 数据库

【实验目的】

● 掌握创建数据库的常用方法

● 熟练掌握数据库的 4 种打开方式

● 了解数据库的加密与撤销密码的基本操作

● 了解数据库的压缩和备份

【实验内容】

1．使用"模块"创建"学生"数据库。

2．创建"教学"空白数据库。

3．使用多种打开方式打开"学生"数据库，并对其进行关闭。

4．对"学生"数据库进行加密与撤销密码。

(1)对"学生"数据库进行加密。

(2)将加密后的"学生"数据库复制为"学生加密"数据库。

(3)撤销"学生"数据库的密码。

5．数据库的压缩和备份。

(1)对"学生"数据库进行压缩并存储为 student 数据库。

(2)对 student 数据库进行备份。

【操作步骤】

1．使用"模块"创建"学生"数据库。

(1)打开 Access 2010。

(2)单击"文件"选项卡中的"新建"按钮，在中间的"可用模板"窗口中选择"样本模板"，如图 1-1 所示。

(3)在"样本模板"列表窗口中选择"学生"模板。

(4)在最右侧的窗口中单击 按钮，在弹出的"文件新建数据库"对话框中改变其存储路径为"D:\"，单击"确定"按钮返回到前一界面窗口，最后单击"创建"按钮，系统就会自动创建"学生"数据库。

2．创建"教学"空白数据库。

(1)在 Access 2010 窗口中，单击"文件"选项卡中的"新建"按钮，在中间的"可用模板"窗口(图 1-1)中选择"空数据库"模板。

(2)在最右侧的窗口中输入数据库名称"教师.accdb"，并改变存储路径为"D:\"，单击"创建"按钮，系统就会创建一个空白的"教师"数据库。

3．使用"独占方式"打开上面创建的"学生"数据库，并对其进行关闭，并尝试其他打开方式。

(1)单击"文件"选项卡中的"打开"按钮，如图 1-1 所示。

图 1-1　样本模板窗口

（2）在弹出的"打开"对话框中选择"D:\学生.accdb"数据库文件，单击窗口右下角"打开"按钮右侧的下三角箭头，打开如图 1-2 所示的菜单。

图 1-2　数据库的打开方式

（3）选择菜单中的"以独占方式打开"项，系统将会以这种方式打开数据库。

（4）单击"文件"选项卡中的"关闭数据库"按钮，对该数据库进行关闭。再改用其他方式尝试对数据库进行打开操作。

4．对"学生"数据库进行加密与撤销密码。

（1）对"学生"数据库进行加密。

① 参照上面练习的打开数据库的方法，在 Access 2010 中使用"独占方式"打开需要加密的"D:\学生.accdb"数据库。

② 单击"文件"选项卡中的"信息"按钮，显示如图 1-3 所示的加密数据库操作界面。

③ 单击中间列表区域中的"用密码进行加密"按钮，在弹出的"设置数据库密码"对话框中两次输入数据库的密码后，单击"确定"按钮，如图 1-4 所示。

④ 关闭"学生"数据库，尝试再次打开被加密的"学生"数据库，会发现打开时必须先进行密码校验，只有输入正确的密码，才能打开数据库。

(2)将加密后的"学生"数据库复制为"学生加密"数据库。

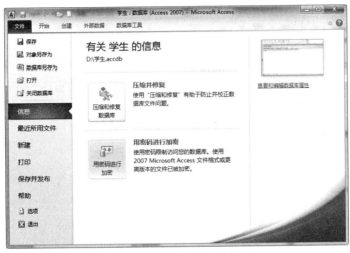

图 1-3　加密数据库操作界面

① 在 Access 2010 中打开需要复制的"D:\学生.accdb"数据库。

② 关闭所有数据库中打开的对象。

③ 单击"文件"选项卡中的"数据库另存为"按钮，弹出"另存为"对话框，在对话框中输入文件名为"学生加密.accdb"，其存储路径为"D:\"，单击"保存"按钮。

图 1-4　"设置数据库密码"界面

(3)撤销"学生"数据库的密码。

① 在 Access 2010 中使用"独占方式"打开需要解密的"D:\学生.accdb"数据库(打开时需要输入密码)。

② 单击"文件"选项卡中的"信息"按钮，显示如图 1-5 所示的解密数据库操作界面。

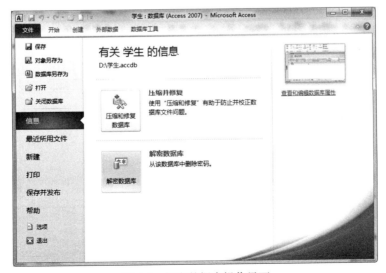

图 1-5　解密数据库操作界面

③ 单击中间列表区域中的"解密数据库"按钮，在弹出的"撤销数据库密码"对话框中需再次输入数据库的密码，单击"确定"按钮。

5．数据库的压缩和备份。

（1）对"学生"数据库进行压缩并存储为 student 数据库。

① 启动 Access 2010，关闭打开的数据库。

② 单击"数据库工具"选项卡"工具"组中的"压缩和修复数据库"命令按钮，弹出"压缩数据库来源"对话框，如图 1-6 所示。

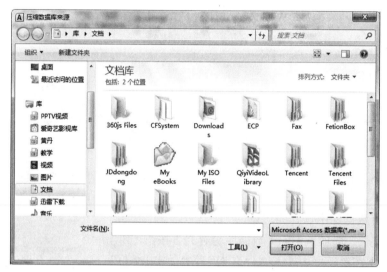

图 1-6 　"压缩数据库来源"对话框

③ 在对话框中选择要压缩的数据库"D:\学生.accdb"，单击"压缩"按钮。

④ 系统开始对数据库文件进行检查，检查没有错误后弹出"将数据库压缩为"对话框，输入压缩数据库文件名为 student.accdb，最后单击"保存"按钮，如图 1-7 所示。

图 1-7 　"将数据库压缩为"对话框

(2) 对 student 数据库进行备份。

① 在 Access 2010 中打开需要备份的数据库 student.accdb。

② 单击"文件"选项卡中的"保存与发布"按钮。

③ 单击中间"文件类型"列表区域中的"数据库另存为"按钮，在右侧的"数据库另存为"列表区域中选择"备份数据库"，如图 1-8 所示。

图 1-8　备份数据库操作界面

④ 单击"另存为"按钮，在弹出的"另存为"对话框中使用系统自动命名的备份数据库名称(也可以根据需要改变成其他名称和存储路径)，单击"保存"按钮，如图 1-9 所示。

图 1-9　"另存为"对话框

在备份数据库时，Access 2010 会自动以"原数据库文件名+_+备份日期"命名。如：若在 2015 年 1 月 28 日备份"教务管理.accdb"数据库，则备份时自动给出的备份文件的名称为"教务管理_2015-01-28.accdb"

练 习 题

在 D:盘下新建一空白文件夹，并以自己姓名命名，如下所有操作创建的文件均保存在该文件夹中。

1. 使用"模块"创建"销售渠道"数据库。

2. 创建"作业"空白数据库。

3. 对"作业"数据库进行加密，然后撤销密码。

(1)对"作业"数据库进行加密。

(2)将加密后的"作业"数据库复制为"作业加密"数据库。

(3)撤销"作业"数据库的密码。

4. 数据库的压缩和备份。

(1)对"销售渠道"数据库进行压缩，并存储为 sales 数据库。

(2)对 sales 数据库进行自动命名备份。

实验 2　表

实验 2.1　创建表

【实验目的】

- 熟悉表的"设计视图"和"数据表视图"两种窗口
- 熟练掌握在"设计视图"窗口中创建表结构的方法
- 了解字段的各种属性,学会常用属性值的设置方法
- 理解主键的含义,能根据表的结构判断并设置主键
- 熟练掌握各种数据类型的字段输入数据的方法

【实验内容】

1. 在数据库"人事管理.accdb"中使用"设计视图"建立"教师"表,表的结构如表 2-1 所示。

表 2-1　"教师"表的结构

字段名称	数据类型	字段大小	字段名称	数据类型	字段大小
工号	文本	6	学位	文本	5
姓名	文本	4	职称	文本	5
性别	文本	1	邮箱密码	文本	6
生日	日期/时间		联系电话	文本	8
参加工作日期	日期/时间		照片	OLE 对象	
是否在职	是/否		备注	备注	

2. 在"设计视图"窗口中设置主键以及字段的常规属性与查阅属性值。

(1)根据"教师"表的结构,设置"教师"表的主键。

(2)设置"姓名"字段为"必需"字段、"有重复"索引。

(3)将"性别"字段的"默认值"设置为"男","有效性规则"设为不能是空值,"有效性文本"为"性别不能为空",并将"性别"字段的输入设置为"男"或"女"列表选择。

(4)设置"生日"字段的相关属性,使其在"数据表视图"窗口中显示标题为"出生日期";将"生日"字段的"格式"属性设置为"长日期"。

(5)设置"参加工作日期"字段的相关属性,使该字段按照"短日期"的格式输入。

(6)将"是否在职"字段的默认值设置为 True。

(7)设置相关属性,使"邮箱密码"字段以密码方式输入并显示。

(8)设置"联系电话"字段的输入掩码,要求前 4 位为"025-",后 8 位为数字。

3. 在"数据表视图"窗口中输入 5 条记录,数据如表 2-2 所示。

表 2-2　"教师"表的数据

工号	姓名	性别	生日	参加工作日期	是否在职	学位	职称	邮箱密码	联系电话
020301	季泽	女	1961-8-9	1978-7-20	FALSE	学士	教授	272320	86717615
020302	周涛	女	1970-3-12	1996-10-3	TRUE	硕士	副教授	948593	86717616
020203	曹阳	男	1947-5-13	1977-1-25	FALSE	硕士	讲师	640117	86717617
020104	赵勤娥	女	1978-12-13	2003-7-8	TRUE	学士	讲师	252521	86717618
020105	鲁明星	男	1976-6-5	1998-3-17	TRUE	博士	教授	788542	86717619

4. 输入"备注"内容，插入"照片"。

(1) 在"季泽"的"备注"字段中，输入备注内容：季泽，1961 年 8 月出生于江苏南京，1979 年 9 月至 1983 年 7 月就读于南京大学中文系。

(2) 将"周涛"的"照片"字段值设置为素材文件夹下的"周涛.gif"图像文件(要求使用"由文件创建"方式)。

【操作步骤】

1. 创建表结构。

(1) 打开"人事管理"数据库。

(2) 单击"创建"选项卡的"表格"组中的"表设计"按钮，打开"表 1"的"设计视图"，在"字段名称"列中输入"工号"，"数据类型"采用默认的字段类型"文本"，在"常规"属性"字段大小"中输入 6，如图 2-1 所示。

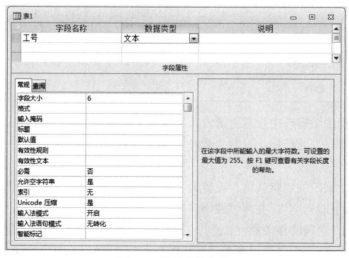

图 2-1　设计表的字段

(3) 在"表 1"的"设计视图"中，依次输入表 2-1 中的字段名称、数据类型及字段大小，结果如图 2-2 所示。

(4) 单击"快速访问工具栏"中的"保存"按钮，在"另存为"对话框的"表名称"文本框中输入表名：教师，单击"确定"按钮，如图 2-3 所示。

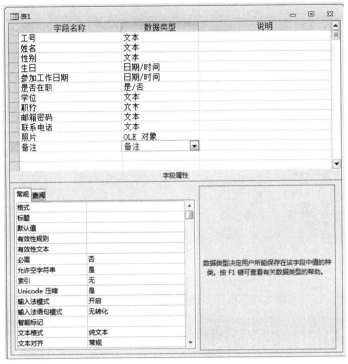

图 2-2 "教师"表的设计视图

(5) 在"尚未定义主键"提示框（图 2-4）中，单击"否"按钮。

图 2-3 "另存为"对话框

图 2-4 "尚未定义主键"提示框

2．在"设计视图"窗口中设置字段属性值和主键。

(1) 单击"工号"字段名称左侧的行选定器选中"工号"字段，在"表格工具/设计"选项卡中单击"工具"组中的"主键"按钮。系统自动设置"工号"字段的"索引"属性值为"有（无重复）"，建立主键 PrimaryKey。

(2) 选中"姓名"字段（在"字段名称"列中单击"姓名"字段），单击"常规"选项卡的"必需"属性右侧的下拉按钮，在列表框中选择"是"；或者，直接双击"必需"属性，可在属性值"是"与"否"之间切换，结果如图 2-5 所示。

(3) 选中"性别"字段，在"常规"选项卡的"默认值"属性中输入：男；在"有效性规则"属性中输入：Is Not Null；在"有效性文本"属性中输入：性别不能为空。设置结果如图 2-6 所示。

(4) 选中"性别"字段，单击"查阅"选项卡，选择"显示控件"属性值为"列表框"，"行来源类型"属性值选择"值列表"，设置"行来源"属性值为："男";"女"，如图 2-7 所示。

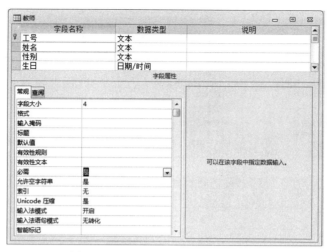

图 2-5 "姓名"字段的"常规"属性

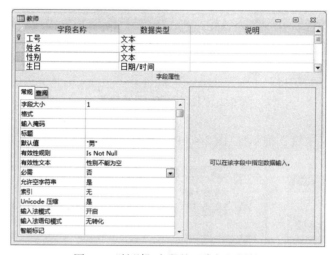

图 2-6 "性别"字段的"常规"属性

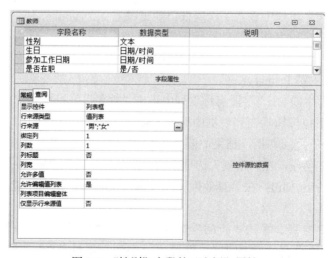

图 2-7 "性别"字段的"查阅"属性

(5)选中"生日"字段,在"常规"选项卡中输入"标题"属性值:出生日期;在"格式"属性值的下拉列表框中选择"长日期"。

(6)选中"参加工作日期"字段,单击"输入掩码"属性右侧的输入掩码向导按钮,在"输入掩码向导"提示框(图2-8)中单击"是"按钮,在"输入掩码向导"对话框(图2-9)中选择"短日期"后,单击"完成"按钮。

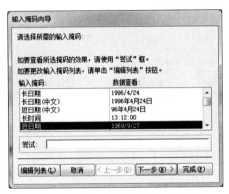

图2-8 "输入掩码向导"提示框   图2-9 "输入掩码向导"对话框

(7)选中"是否在职"字段,在"默认值"属性中输入:True。

(8)选中"邮箱密码"字段,在"输入掩码"属性中使用"输入掩码向导"选择"密码",或者直接输入属性值:密码。

(9)选中"联系电话"字段,设置"输入掩码"属性值为:"025-"00000000。

(10)单击"快速访问工具栏"中的"保存"按钮或者"文件"选项卡中的"保存"按钮。

3.在"数据表视图"窗口中输入记录。

(1)单击"开始"选项卡或"设计"选项卡的"视图"组中的"视图"按钮,切换至"数据表视图"窗口,如图2-10所示。

图2-10 空的"教师"表

(2)分别在"工号"和"姓名"字段中输入"020301""季泽",单击"性别"字段值右侧下拉按钮,选择"女"。

(3)直接输入"生日"和"参加工作日期"数据,单击"是否在职"字段值中的复选框,使其处于未选中状态。

（4）直接输入第 1 条记录的"学位""职称""邮箱密码"和"联系电话"字段值。

（5）采用同样的方法，输入其他 4 条记录，结果如图 2-11 所示。

注：由于设置了"工号"字段为主键，保存记录后，重新在"数据表视图"窗口中打开"教师"表，表中记录将按照"工号"字段值的升序排列。

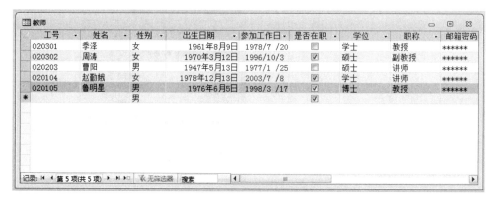

图 2-11　"教师"表的记录

4．输入"备注"内容，插入"照片"。

（1）在"教师"表的"数据表视图"窗口中移动水平滚动条，将光标定位到"姓名"字段值为"季泽"的记录上，在"备注"字段中直接输入备注内容。

（2）将光标定位到"周涛"的"照片"字段值中，右击鼠标，执行快捷菜单中的"插入对象"命令（图 2-12），在"插入对象"对话框中，选中"由文件创建"选项按钮，如图 2-13 所示。

图 2-12　"照片"字段的快捷菜单

图 2-13　"插入对象"对话框

（3）在"插入对象"对话框中单击"浏览"按钮，系统弹出"浏览"对话框，如图 2-14 所示。选中素材文件夹下的图像文件"周涛.gif"，单击"确定"按钮。返回"插入对象"对话框后，继续单击"确定"按钮。

（4）"照片"字段值显示为 Package，如需查看图像内容，可双击"照片"字段值，系统打开相应的软件显示图片。

（5）关闭"教师"表的"数据表视图"窗口。

图 2-14 "浏览"对话框

实验 2.2 修改表

【实验目的】
- 熟练掌握在"设计视图"窗口中修改表结构的方法
- 掌握在"数据表视图"窗口中修改表中数据的方法
- 掌握在"数据表视图"窗口中定制表的外观的方法

【实验内容】

1. 在数据库"人事管理.accdb"中，利用"设计视图"窗口修改表的结构。

(1) 添加新字段。

① 在"工资"表中增加一个字段名称为"实发工资"的计算字段，字段值为：实发工资=应发工资-水电房租费，计算的"结果类型"为"双精度型"，"格式"为"货币"，"小数位数"为 2。

② 在"员工"表的"性别"字段与"年龄"字段之间插入"婚否"字段，数据类型：是/否。

(2) 删除"员工"表中的"密码"字段。

(3) 交换"员工"表中"职务"字段与"聘用时间"字段的位置。

(4) 修改"员工"表中字段的基本属性。

① 将"编号"字段名称改为"工号"。

② 将"简历"字段的数据类型改为"备注"，设计"说明"为"工作以后的简历"。

(5) 修改"员工"表中字段的常规属性。

① 设置"工资"字段的相关属性，使其在"数据表视图"窗口中显示为"每月工资"（字段名称不变）。

② 设置"聘用时间"字段的相关属性，使该字段的显示格式为"××××年××月××

日"，例如，2015 年 09 月 01 日。

③ 设置"聘用时间"字段的"输入掩码"属性值为"长日期"。

④ 设置"聘用时间"字段的"默认值"为下一个月的第一天。

⑤ 设置"年龄"字段的"有效性规则"为：大于 20 且小于等于 60；设置相应的"有效性文本"为"年龄介于 20 到 60 之间"。

（6）修改"员工"表中字段的查阅属性。

① 设置"职务"字段值的输入方式为从下拉列表中选择"职员""主管"或"经理"选项值。

② 设置"所在部门"字段值为列表框下拉选择，其值引用"部门"表的对应字段"部门编号"。

（7）设置"员工"表的"有效性规则"与"有效性文本"为："主管"和"经理"的"工资"不能低于 7000 元。

（8）判断表的主键与外键。

分析"员工"表和"部门"表的字段构成，判断两表中的外键字段，将"员工"表中相应的字段名称作为"员工"表属性中"说明"的内容进行设置。

2．在数据库"人事管理.accdb"中，利用"数据表视图"窗口修改"员工"表的数据。

（1）将表中"赵亮"的"照片"字段值替换为素材文件夹下的图像文件"赵亮.bmp"（要求使用"由文件创建"方式）。

（2）将"姓名"字段值中的所有"文"字替换为"闻"。

3．在数据库"人事管理.accdb"中，定制"员工"表在"数据表视图"窗口中的外观。

（1）字段的显示次序、冻结与取消冻结。

① 取消对所有字段的冻结。

② 设置相关格式，确保在浏览表中数据时，"姓名"字段列不移出屏幕。

③ 将"年龄"字段调整到第 3 列显示。

（2）设置字段的隐藏与显示、行高与列宽。

① 显示"备注"字段，隐藏"性别"字段。

② 将"姓名"和"年龄"两个字段的显示宽度分别设置为 10、6。

③ 将"员工"表的行高设为 18。

（3）设置"员工"表的背景颜色为主题颜色"橄榄色，强调文字颜色 3，淡色 40%"，文字颜色为标准色中的"深蓝"，字号为 12 号。

【操作步骤】

1．修改表的结构。

（1）添加新字段。

① 打开"人事管理"数据库，右击导航窗格中的"工资"表，执行快捷菜单中的"设计视图"命令。

② 在"工资"表的"设计视图"窗口中，将光标定位到最后一个字段下方的空白字段上，在"字段名称"列中输入"实发工资"，"数据类型"列表中选择"计算"，在系统弹出的"表达式生成器"对话框中，输入表达式：[应发工资] - [水电房租费]，可通过双击"表达式类别"

列表中的字段名称进行输入，结果如图 2-15 所示。单击"确定"按钮。

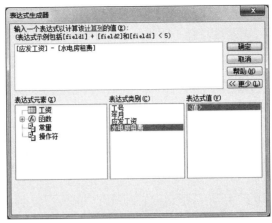

图 2-15　"表达式生成器"对话框

　　如果要修改表达式，可单击"实发工资"字段的"表达式"属性右侧的"表达式生成器"按钮，打开"表达式生成器"对话框。

　　③ 在"结果类型"属性值中选择下拉列表中的"双精度型"，"格式"属性值选择"货币"，"小数位数"属性值选择或输入 2。设置结果如图 2-16 所示。

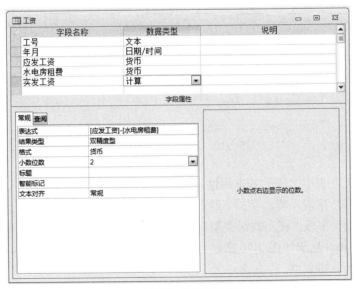

图 2-16　"计算"型字段的常规属性

　　④ 关闭"工资"表的"设计视图"窗口，在"是否保存表的设计"提示框（图 2-17）中单击"是"按钮。

　　⑤ 双击"人事管理"数据库导航窗格中的"员工"表，单击"开始"选项卡中"视图"按钮，切换至"设计视图"窗口。

　　⑥ 将光标定位到"年龄"字段，单击"表格工具/设计"选项卡的"工具"组中的"插入行"按钮，在空白字段行中输入字段名称"婚否"，选择数据类型"是/否"。

（2）选中"密码"字段，在"表格工具/设计"选项卡的"工具"组中单击"删除行"按钮，弹出如图 2-18 所示的"删除字段"提示框，单击"是"按钮。

图 2-17 "是否保存表的设计"对话框   图 2-18 "删除字段"对话框

（3）单击"职务"字段左侧的行选择器，将选中的"职务"字段拖放到"所在部门"字段的下方，再将"聘用时间"字段拖放到"所在部门"字段的上方，结果如图 2-19 所示。

图 2-19 调整字段的次序

（4）修改"员工"表中字段的基本属性。

① 选中"编号"字段，将"字段名称"属性值修改为"工号"。

② 选中"简历"字段，在"数据类型"列表框中选择"备注"，在"说明"属性中输入：工作以后的简历。设计结果如图 2-20 所示。

（5）修改字段的常规属性。

① 选中"工资"字段，设置"标题"属性值：每月工资。

② 选中"聘用时间"字段，在"格式"属性中输入值：yyyy 年 mm 月 dd 日，系统将属性值自动更改为：yyyy\年 mm\月 dd\日；使用输入掩码向导设置"输入掩码"属性值为"长日期"；在"默认值"属性中使用表达式生成器输入：

```
=DateSerial(Year(Date()),Month(Date())+1,1)
```

"聘用时间"字段的常规属性如图 2-21 所示。

③ 在"年龄"字段的"有效性规则"属性中输入：>20 and <=60；在"有效性文本"属性中输入：年龄介于 20 到 60 之间，结果如图 2-22 所示。

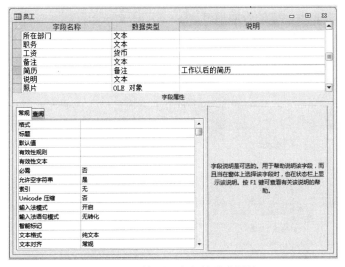

图 2-20 "简历"字段的基本属性

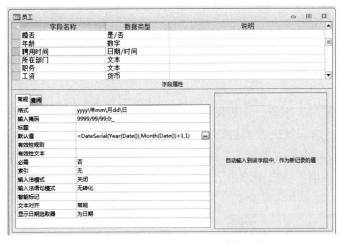

图 2-21 "聘用时间"字段的常规属性

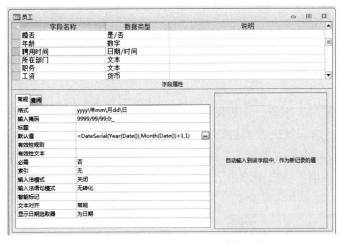

图 2-22 "年龄"字段的有效性规则与有效性文本

(6) 修改"员工"表中字段的查阅属性。

① 选中"职务"字段，单击"查阅"选项卡，选择"显示控件"属性值为"列表框"，"行来源类型"属性值选择"值列表"，设置"行来源"属性值为："职员";"主管";"经理"，结果如图 2-23 所示。

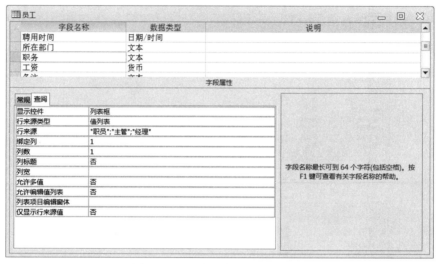

图 2-23　"职务"字段的查阅属性

② 选中"所在部门"字段，在查阅"选项卡中选择"显示控件"属性值为"列表框"，"行来源类型"属性值选择默认的"表/查询"，单击"行来源"属性右侧的生成器按钮，在"显示表"对话框(图 2-24)中选中"部门"表，单击"添加"按钮后，单击"关闭"按钮。

③ 在"查询生成器"窗口中双击"部门"表中的"部门编号"字段，如图 2-25 所示。

图 2-24　"显示表"对话框

图 2-25　"查询生成器"窗口

④ 关闭"查询生成器"窗口，在系统弹出的"是否保存对 SQL 语句的更改"提示框(图 2-26)中，单击"是"按钮，如图 2-27 所示。

(7) 单击"表格工具/设计"选项卡的"显示/隐藏"组中的"属性表"按钮，设置表的"有效性规则"：IIf([职务]="主管" Or [职务]="经理",[工资]>=7000,True)，"有效性文本"为：主管和经理的工资不低于 7000 元，如图 2-28 所示。

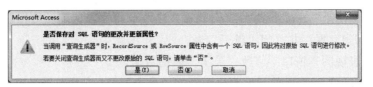

图 2-26　"是否保存对 SQL 语句的更改"对话框

图 2-27　"所在部门"字段的查阅属性

　　单击"自定义快速访问工具栏"上的"保存"按钮，系统弹出"数据完整性规则已经更改"提示框(图 2-29)，单击"是"按钮。

图 2-28　"员工"表的"有效性规则"　　　　图 2-29　"数据完整性规则已经更改"提示框

　　注：在"数据表视图"窗口中，单击"表格工具/字段"选项卡的"字段验证"组中的"验证"按钮，设置"字段验证规则"和"记录验证规则"，可分别对字段的"有效性规则"与表的"有效性规则"进行设置。

　　(8)"员工"表中的"所在部门"字段值不唯一，不能充当主键；"部门"表中对应于"员工"表中"所在部门"的字段是"部门编号"，其值在表中唯一，可以充当"部门"表的主键。因此，"员工"表中的"所在部门"字段是外键。

在"表格工具/设计"选项卡的"显示/隐藏"组中单击"属性表"按钮，在"说明"属性中输入：所在部门。保存并关闭"员工"表。

2．在"数据表视图"窗口中修改"员工"表的数据。

(1)在"人事管理"数据库的导航窗格中双击"员工"表，在"数据表视图"窗口中打开"员工"表。

(2)将光标定位到"赵亮"的"照片"字段值中，按 Delete 键可删除原有照片内容，或右击鼠标，执行快捷菜单中的"插入对象"命令，选中"由文件创建"选项按钮，单击"浏览"按钮，在"浏览"对话框中双击图像文件"赵亮.bmp"，单击"确定"按钮。

(3)将光标定位到"姓名"字段中，单击"开始"选项卡的"查找"组中的"替换"按钮，系统弹出"查找和替换"对话框(图 2-30)。在"查找内容"文本框中输入：文，在"替换为"文本框中输入：闻，在"匹配"列表框中选择"字段任何部分"，最后单击"全部替换"按钮，在"不能撤消替换操作"提示框中(图 2-31)，单击"是"按钮，关闭"查找和替换"对话框。

图 2-30　"查找和替换"对话框

图 2-31　"不能撤消替换操作"提示框

3．定制"员工"表在"数据表视图"窗口中的外观。

(1)字段的显示次序、冻结与取消冻结。

① 在"员工"表的"数据表视图"窗口中，单击"开始"选项卡的"记录"组中的"其他"按钮，在列表中执行"取消冻结所有字段"命令，如图 2-32 所示。

② 选定"姓名"字段，右击字段标题，执行快捷菜单中的"冻结字段"命令，如图 2-33 所示。

图 2-32　"其他"按钮下拉列表

图 2-33　"姓名"字段的快捷菜单

③ 单击"年龄"字段的标题处，按下鼠标左键将其拖放到"工号"字段与"性别"字段之间，调整后的字段显示顺序如图 2-34 所示。

图 2-34　调整字段的显示顺序

(2) 设置字段的隐藏与显示、行高与列宽。

① 右击任意字段的标题，执行快捷菜单中的"取消隐藏字段"命令，在"取消隐藏列"对话框中，选中"备注"字段，取消选中"性别"字段，结果如图 2-35 所示。单击对话框中的"关闭"按钮。

② 选中"姓名"字段，右击字段标题，执行快捷菜单中的"字段宽度"命令，在"列宽"对话框中输入列宽：10，单击"确定"按钮，如图 2-36 所示。

图 2-35　字段的显示与隐藏对话框　　　　图 2-36　"列宽"对话框

③ 选定"年龄"字段，单击"开始"选项卡的"记录"组中的"其他"按钮，执行"字段宽度"命令，在"列宽"对话框中设定列宽为 6，单击"确定"按钮。

④ 右击"数据表视图"窗口左侧的记录选定器，执行快捷菜单中的"行高"命令(图 2-37)，在"行高"对话框中，输入行高 18，单击"确定"按钮，如图 2-38 所示。

图 2-37　"记录选定器"的快捷菜单　　　　图 2-38　"行高"对话框

(3) 单击 "开始" 选项卡的 "文本格式" 组中的 "设置数据表格式" 按钮, 在 "设置数据表格式" 对话框中, 选择 "背景色" 为主题颜色 "橄榄色, 强调文字颜色 3, 淡色 40%", 单击 "确定" 按钮, 如图 2-39 所示。

图 2-39 "设置数据表格式" 对话框

(4) 在 "开始" 选项卡的 "文本格式" 组中, 选择字号 12, 单击字体颜色按钮右侧的下拉按钮, 选择 "字体颜色" 为标准色 "深蓝", 结果如图 2-40 所示。

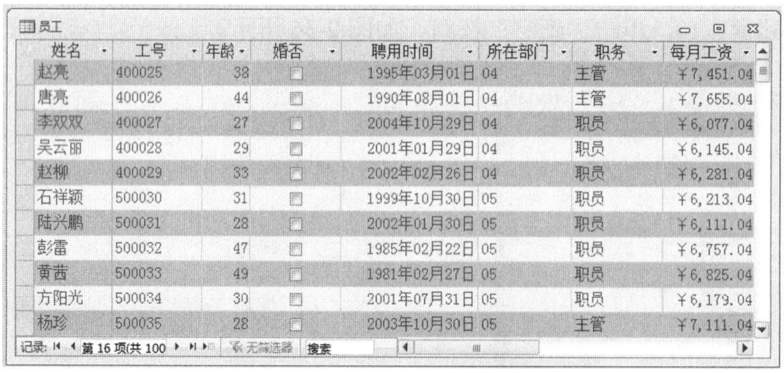

员工							
姓名	工号	年龄	婚否	聘用时间	所在部门	职务	每月工资
赵亮	400025	38	☐	1995年03月01日	04	主管	￥7,451.04
唐亮	400026	44	☐	1990年08月01日	04	主管	￥7,655.04
李双双	400027	27	☐	2004年10月29日	04	职员	￥6,077.04
吴云丽	400028	29	☐	2001年01月29日	04	职员	￥6,145.04
赵柳	400029	33	☐	2002年02月26日	04	职员	￥6,281.04
石祥颖	500030	31	☐	1999年10月30日	05	职员	￥6,213.04
陆兴鹏	500031	28	☐	2002年01月30日	05	职员	￥6,111.04
彭雷	500032	47	☐	1985年02月22日	05	职员	￥6,757.04
黄茜	500033	49	☐	1981年02月27日	05	职员	￥6,825.04
方阳光	500034	30	☐	2001年07月31日	05	职员	￥6,179.04
杨珍	500035	28	☐	2003年10月30日	05	主管	￥7,111.04

记录 ◄ 第 16 项(共 100 ► ►ⅰ　无筛选器　搜索

图 2-40 "员工" 的数据表视图

(5) 关闭 "员工" 表, 在 "是否保存布局的更改" 提示框中, 单击 "是" 按钮, 如图 2-41 所示。

图 2-41 "是否保存布局的更改" 提示框

实验 2.3　管理表

【实验目的】
- 掌握表的复制、删除、重命名、导入与导出操作方法
- 理解链接的含义, 学会链接表的操作

【实验内容】

1．在"人事管理.accdb"数据库中进行表的复制、删除和重命名操作。

(1)为"职工"表建立一个备份，命名为"职工备份表"。

(2)将"职工"表的结构复制出来，命名为表 tEmp。

(3)将"职工"表中前 5 条记录的"工号""姓名"和"性别"字段值复制到 tEmp 表中。

(4)删除表"部门备份表"。

(5)将表对象"工资表结构"改名为 tSalary。

2．导入与导出。

(1)数据导入表中。

① 将素材文件夹下的 Excel 文件 Salary.xlsx 导入追加到"人事管理.accdb"数据库的"工资"表的相应字段中。

② 将素材文件夹下的文本文件"销售业绩表.txt"中的数据导入"人事管理.accdb"数据库中。其中，第一行数据是字段名，字段分隔符为"，"，导入的数据表以"销售"命名保存；根据"销售"表的结构，判断并设置主键。

(2)表中数据导出。

① 将"人事管理.accdb"数据库中的"职工"表导出到素材文件夹下，以工作簿文件形式保存，命名为"员工.xlsx"。

② 将"人事管理.accdb"数据库中的"部门"表导出到素材文件夹下，以文本文件形式保存，命名为"Dept.txt"。要求，第一行包含字段名称，各数据项间以分号分隔。

3．建立链接表。

(1)将素材文件夹下的 Excel 文件 Salary.xlsx 链接到"人事管理.accdb"数据库文件中，链接表名称为 Salary，要求：数据中的第一行作为字段名。

(2)将素材文件夹下的文本文件"销售业绩表.txt"链接到"人事管理.accdb"数据库文件中，链接表名称不变，要求：数据中的第一行作为字段名，各数据项间以逗号分隔。

【操作步骤】

1．表的复制、删除和重命名。

(1)打开"人事管理.accdb"数据库，在"导航"窗格中右击"职工"表，执行快捷菜单中的"复制"命令(图 2-42)，再次右击鼠标，执行快捷菜单中的"粘贴"命令，在"粘贴表方式"对话框中输入表名称为"职工备份表"，单击"确定"按钮，如图 2-43 所示。

(2)选中"导航"窗格中的"职工"表，单击"开始"选项卡的"剪贴板"组中的"复制"按钮，然后在"开始"选项卡的"剪贴板"组中单击"粘贴"按钮，在"粘贴表方式"对话框中输入表名称 tEmp，选中"粘贴选项"中的"仅结构"选项按钮，单击"确定"按钮。

(3)双击"导航"窗格中的"职工"表，在"数据表视图"窗口中选中前 5 条记录的"工号""姓名"和"性别"字段值，按 Ctrl+C 快捷键，在"数据表视图"窗口打开 tEmp 表后，单击空行的行选定器，按 Ctrl+V 快捷键，在"确实要粘贴记录"提示框中(图 2-44)单击"是"按钮。关闭 tEmp 表和"职工"表。

(4)在"导航"窗格中单击表对象"部门备份表"，按 Delete 键，在"是否删除表"提示框中单击"是"按钮，如图 2-45 所示。

图 2-42　"导航"窗格中表的快捷菜单

图 2-43　"粘贴表方式"对话框

图 2-44　"确实要粘贴记录"提示框

图 2-45　"是否删除表"提示框

(5)右击表对象"工资表结构",执行快捷菜单中的"重命名"命令,输入新的表名 tSalary。

2. 导入与导出。

(1)数据导入表中。

① 在"人事管理"数据库中单击"外部数据"选项卡的"导入并链接"组中的"导入 Excel 电子表格"按钮,在"获取外部数据-Excel 电子表格"对话框(图 2-46)中单击"浏览"按钮;在"打开"对话框(图 2-47)中双击素材文件夹下的 Excel 文件 Salary.xlsx;选中"向表中追加一份记录的副本"选项按钮,在其右侧的下拉列表中选择"工资"表,单击"确定"按钮,如图 2-48 所示。

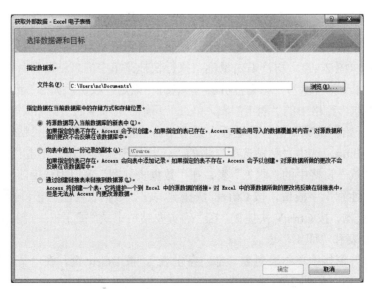

图 2-46　"获取外部数据-Excel 电子表格"对话框

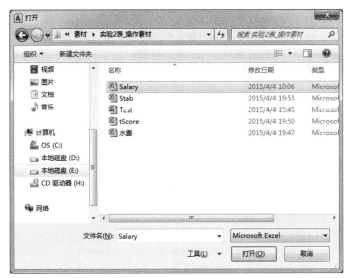

图 2-47 "打开"对话框

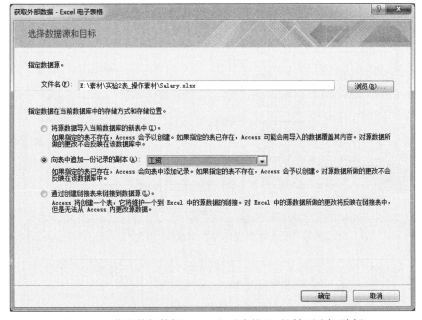

图 2-48 "获取外部数据-Excel 电子表格"对话框(追加副本)

② 在"导入数据表向导"对话框(图 2-49)中单击"下一步"按钮;确认"第一行包含列标题"(系统默认选中),如图 2-50 所示。单击"下一步"按钮,系统显示导入数据到"工资"表,如图 2-51 所示。单击"完成"按钮,关闭"导入数据表向导"对话框。

③ 在"人事管理"数据库的导航窗格中右击任一表对象,在快捷菜单的"导入"子菜单中执行"文本文件"命令,如图 2-52 所示。在"获取外部数据-文本文件"对话框中单击"浏览"按钮,在"打开"对话框中双击素材文件夹下的文本文件"销售业绩表.txt",结果如图 2-53 所示。

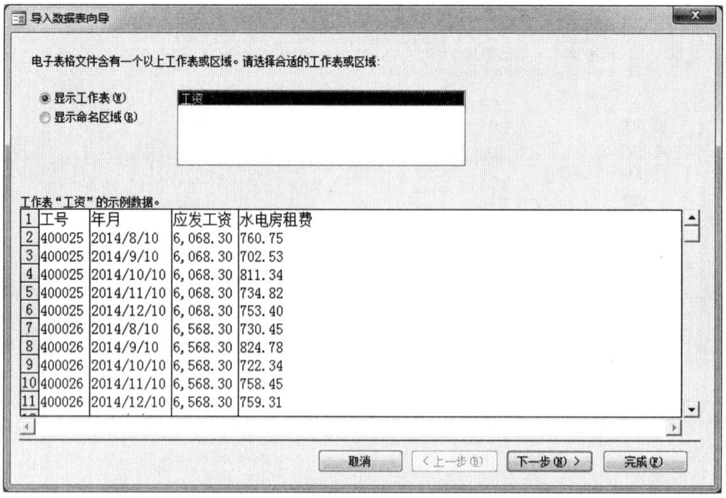

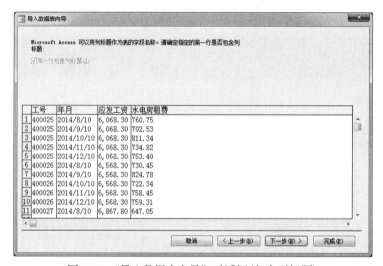

图 2-49 "导入数据表向导"对话框（显示工作表）

图 2-50 "导入数据表向导"对话框（包含列标题）

图 2-51 "导入数据表向导"对话框（完成）

图 2-52 "导入"子菜单

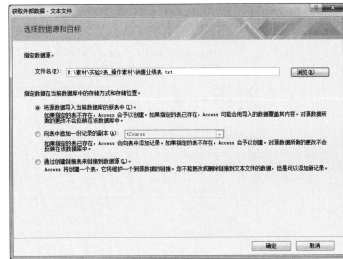

图 2-53 "获取外部数据-文本文件"对话框(导入新表)

④ 在"获取外部数据-文本文件"对话框中,单击"确定"按钮,弹出"导入文本向导—数据格式"对话框,默认选中"带分隔符"按钮,单击"下一步"按钮,如图 2-54 所示。

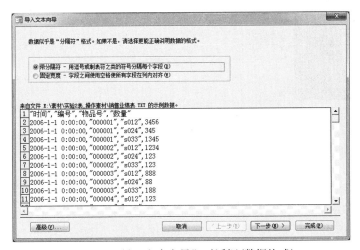

图 2-54 "导入文本向导"对话框(数据格式)

⑤ 在"导入文本向导—选择分隔符"对话框中选中"第一行包含字段名称"复选框,字段分隔符选择"逗号",单击"下一步"按钮,如图 2-55 所示。

⑥ 在"导入文本向导—设置列属性"对话框中设置字段属性,可以选择跳过不需要的字段,单击"下一步"按钮,如图 2-56 所示。

⑦ 在"导入文本向导—设置主键"对话框中,选中"不要主键"按钮,如图 2-57 所示。单击"下一步"按钮,输入表名:销售。

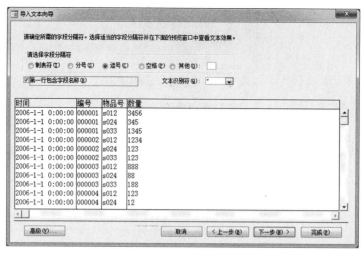

图 2-55　"导入文本向导"对话框(选择分隔符)

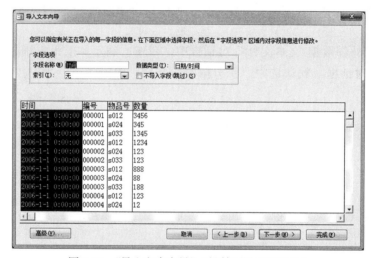

图 2-56　"导入文本向导"对话框(设置列属性)

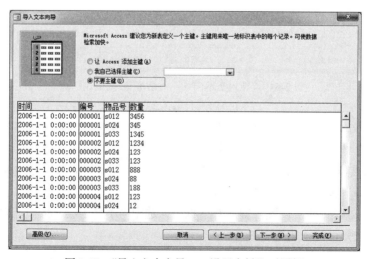

图 2-57　"导入文本向导——设置主键"对话框

⑧ 单击"完成"按钮，关闭"导入文本向导"对话框。

⑨ 在"设计视图"窗口中打开"销售"表，单击第一行"时间"字段左侧的行选定器，按住 Ctrl 键，依次单击第二行和第三行的行选定器，同时选中"时间""编号"和"物品号" 3 个字段，如图 2-58 所示。单击"表格工具/设计"选项卡的"工具"组中的"主键"按钮。

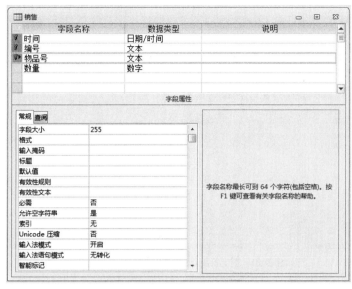

图 2-58 "销售"表的设计视图

⑩ 保存并关闭"销售"表。

(2) 表中数据导出。

① 在"人事管理.accdb"数据库的"导航"窗格中右击"员工"表，执行快捷菜单中"导出"子菜单的 Excel 命令，如图 2-59 所示。

图 2-59 "导出"子菜单

② 在"导出-Excel 电子表格"对话框(图 2-60)中单击"浏览"按钮，在"保存文件"对话框(图 2-61)中选择"保存位置"为实验素材文件夹，"文件名"及"保存类型"不变，单

击"保存"按钮。

图 2-60　"导出-Excel 电子表格"对话框

图 2-61　"保存文件"对话框

③ 系统返回"导出-Excel 电子表格"对话框，单击"确定"按钮。在"保存导出步骤"对话框中单击"关闭"按钮。

④ 在"人事管理"数据库的导航窗格中选中"部门"表，单击"外部数据"选项卡的"导出"组中的"导出到文本文件"按钮，系统打开"导出-文本文件"对话框，如图 2-62 所示。

⑤ 单击"浏览"按钮，在"保存文件"对话框中选择素材文件夹，输入文件名 Dept.txt，单击"保存"按钮。

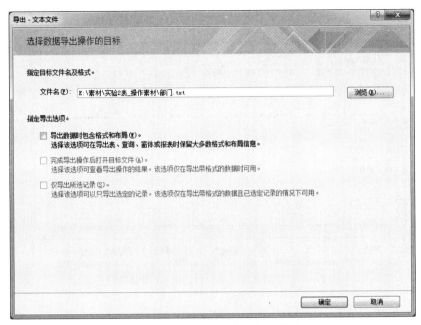

图 2-62　"导出-文本文件"对话框

　　⑥ 返回"导出-文本文件"对话框，单击"确定"按钮。在"导出文本向导"对话框中单击"下一步"按钮，如图 2-63 所示。

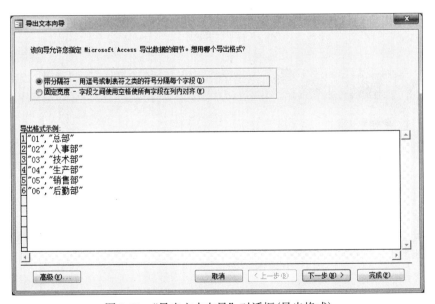

图 2-63　"导出文本向导"对话框（导出格式）

　　⑦ 在"导出文本向导-选择分隔符"对话框中，在"选择字段分隔符"选项按钮组中单击"分号"选项按钮，选中"第一行包含字段名称"复选框，如图 2-64 所示。
　　⑧ 单击"下一步"按钮，确认导出的文本文件名，单击"完成"按钮。
　　⑨ 单击"保存导出步骤"对话框中的"关闭"按钮。

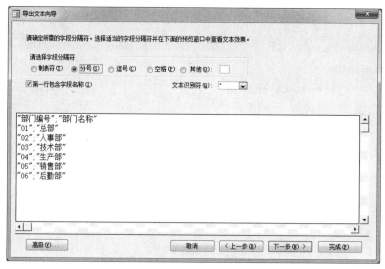

图 2-64 "导出文本向导"对话框(选择分隔符)

3. 建立链接表。

(1)链接 Excel 文件。

① 在"人事管理"数据库的导航窗格中右击任意表对象,在快捷菜单的"导入"子菜单中执行 Excel 命令,打开"获取外部数据-Excel 电子表格"对话框。

② 单击"浏览"按钮,在"打开"对话框中双击 Excel 文件 Salary.xlsx。

③ 单击"通过创建链接表来链接到数据源"选项按钮,单击"确定"按钮,如图 2-65 所示。

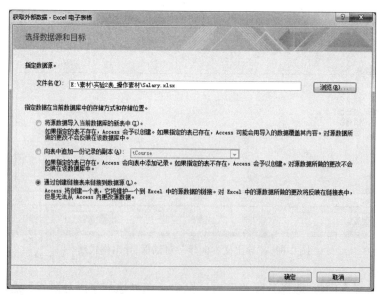

图 2-65 "获取外部数据-Excel 电子表格"对话框(创建链接表)

④ 在"链接数据表向导"对话框中(图2-66)单击"下一步"按钮。确认选中"第一行包含列标题"复选框,单击"下一步"按钮。

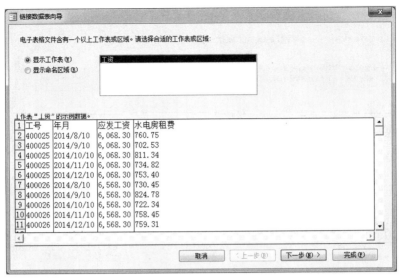

图 2-66 "链接数据表向导"对话框

⑤ 输入链接表名称 Salary，单击"完成"按钮。在系统弹出的"链接数据表向导"提示框中单击"确定"按钮，如图 2-67 所示。

图 2-67 "链接数据表向导"信息框

(2)链接文本文件。

① 在"外部数据"选项卡的"导入并链接"组中，单击"文本文件"按钮。

② 在"获取外部数据-文本文件"对话框中单击"浏览"按钮，在"打开"对话框中双击素材文件夹下的文本文件"销售业绩表.txt"。

③ 选中"通过创建链接表来链接到数据源"选项按钮，如图 2-68 所示。单击"确定"按钮，弹出"链接文本向导"对话框，如图 2-69 所示。

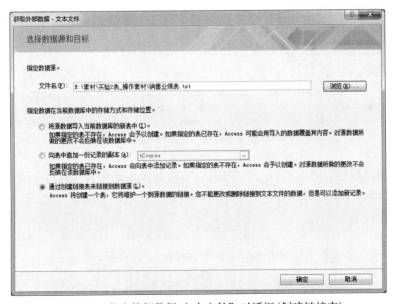

图 2-68 "获取外部数据-文本文件"对话框(创建链接表)

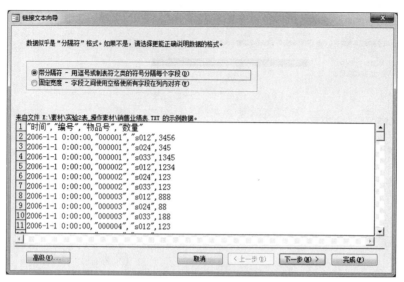

图 2-69　"链接文本向导"对话框(选择数据格式)

④ 单击"下一步"按钮,选中"第一行包含字段名称"复选框,字段分隔符确认选中"逗号"选项按钮,如图 2-70 所示。单击"下一步"按钮。

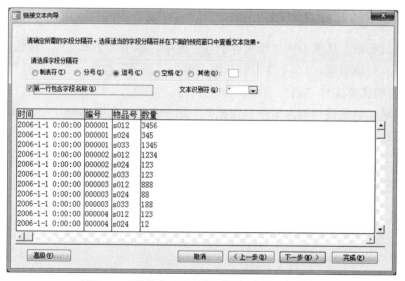

图 2-70　"链接文本向导"对话框(选择分隔符)

⑤ 默认字段选项值,单击"下一步"按钮,确认链接表名称为"销售业绩表",单击"完成"按钮。在"链接文本向导"提示框中单击"确定"按钮,如图 2-71 所示。

图 2-71　"链接文本向导"提示框

实验 2.4　记录的操作

【实验目的】

- 熟练掌握记录的排序与筛选操作方法
- 掌握记录的定位、选择、复制、更新、删除等基本操作方法

【实验内容】

1．在“人事管理.accdb”数据库中，将“职工”表中的记录先按“所在部门”的升序排列，相同部门的职工再按“工资”字段的降序排列。

2．在“职工”表的“数据表视图”窗口中，对于“年龄”超过 50(不包括 50)、“职务”为“职员”的职工设置“说明”字段值为“老职工”。

3．删除“职工”表中“姓名”字段值中含有“飞”的所有记录。

4．将“工资”表中“水电房租费”字段值最小的前 10 条记录复制到 tSalary 表中(原表名为“工资表结构”)。

【操作步骤】

1．排序。

(1) 在“人事管理.accdb”数据库的“导航”窗格中选中“职工”表，在“设计视图”窗口中设置“工资”字段的“标题”属性为“每月工资”，在“数据表视图”窗口中单击“工资”字段标题栏(标题为“每月工资”)，再单击“开始”选项卡的“排序和筛选”组中的“降序”按钮。

(2) 单击“所在部门”字段标题右侧的下拉按钮，执行列表中的“升序”命令。排序结果如图 2-72 所示。

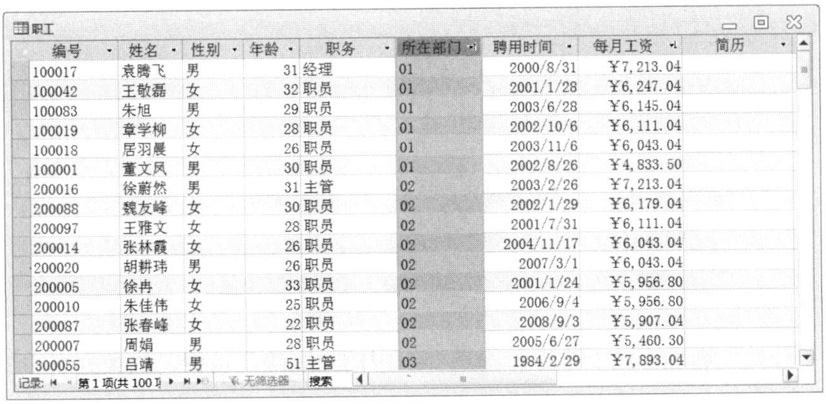

编号	姓名	性别	年龄	职务	所在部门	聘用时间	每月工资	简历
100017	袁腾飞	男	31	经理	01	2000/8/31	¥7,213.04	
100042	王敬磊	女	32	职员	01	2001/1/28	¥6,247.04	
100083	朱旭	男	29	职员	01	2003/6/28	¥6,145.04	
100019	章学柳	女	28	职员	01	2002/10/6	¥6,111.04	
100018	居羽晨	女	26	职员	01	2003/11/6	¥6,043.04	
100001	董文凤	男	30	职员	01	2002/8/26	¥4,833.50	
200016	徐蔚然	男	31	主管	02	2003/2/26	¥7,213.04	
200088	魏友峰	女	30	职员	02	2002/1/29	¥6,179.04	
200097	王雅文	女	28	职员	02	2001/7/31	¥6,111.04	
200014	张林霞	女	26	职员	02	2004/11/17	¥6,043.04	
200020	胡耕玮	男	26	职员	02	2007/3/1	¥6,043.04	
200005	徐冉	女	33	职员	02	2001/1/24	¥5,956.80	
200010	朱佳伟	女	25	职员	02	2006/9/4	¥5,956.80	
200087	张春峰	女	22	职员	02	2008/9/3	¥5,907.04	
200007	周娟	男	28	职员	02	2005/6/27	¥5,460.30	
300055	吕靖	男	51	主管	03	1984/2/29	¥7,893.04	

图 2-72　“职工”表先按部门排序再按工资排序

2．更新。

(1) 单击“开始”选项卡的“排序和筛选”组中的“高级”按钮，执行其中的“高级筛选/排序”命令，如图 2-73 所示。

(2) 在“职工筛选 1”窗口上部的数据源窗格中，双击“年龄”和“职务”字段，在“年龄”列的“条件”行中输入：>50，“职务”列的“条件”行中输入：职员，如图 2-74 所示。

（3）在"开始"选项卡的"排序和筛选"组中单击"高级"按钮，执行其中的"应用筛选/排序"命令，关闭"职工筛选 1"窗口，筛选结果如图 2-75 所示。

图 2-73　高级筛选选项

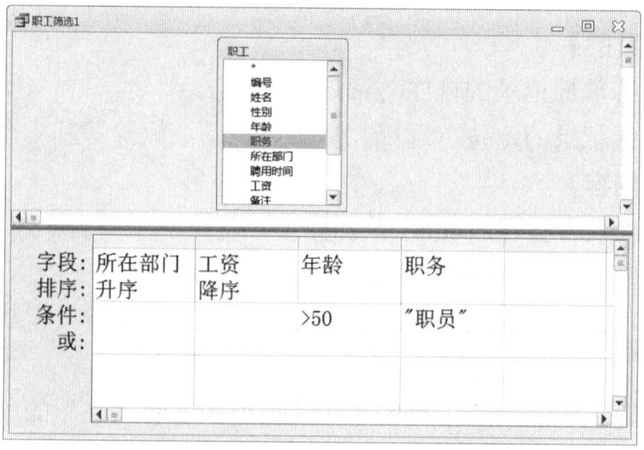

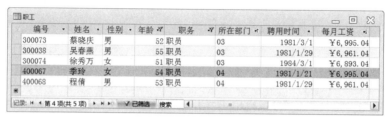

图 2-74　"职工筛选 1"窗口

图 2-75　"职工"表的排序与筛选

（4）移动"数据表视图"窗口中的水平滚动条到窗口右侧，在第一条记录的"说明"字段中输入"老职工"，并复制到其他记录中。设置结果如图 2-76 所示。

图 2-76　在"职工"表中输入"说明"字段值

（5）单击"开始"选项卡的"排序和筛选"组中的"高级"按钮，执行列表中的"清除所有筛选器"命令。

3．删除。

（1）单击"姓名"字段标题右侧的下拉按钮，在"文本筛选器"中执行"包含"命令，如图 2-77 所示。

（2）在"自定义筛选"对话框中输入"飞"，单击"确定"按钮，如图 2-78 所示。

（3）选中筛选出来的两条记录，如图 2-79 所示。在"开始"选项卡的"记录"组中单击"删除"按钮。

图 2-77　"姓名"字段的文本筛选器

图 2-78　"自定义筛选"对话框

图 2-79　筛选出来的记录

(4)在"删除记录"提示框(图 2-80)中单击"是"按钮。在"开始"选项卡的"排序和筛选"组中单击"取消筛选"。保存并关闭"职工"表。

4．复制。

(1)双击"导航"窗格中的"工资"表，单击"水电房租费"字段标题右侧的下拉按钮，执行"升序"命令。

(2)先单击第 10 条记录的行选定器，按住 Shift 键，再单击第 1 条记录，选中"水电房租费"字段值最小的 10 条记录。

(3)单击"开始"选项卡的"剪贴板"组中的"复制"按钮，双击"导航"窗格中的 tSalary 表(原表名为"工资表结构")，在"开始"选项卡的"剪贴板"组中单击"粘贴"下拉按钮，执行下拉列表中的"粘贴追加"命令，在"粘贴记录"提示框中单击"是"按钮，如图 2-81 所示。

图 2-80　"删除记录"提示框

图 2-81　"粘贴记录"提示框

(4)在"工资"表的"数据表视图"窗口中，单击"开始"选项卡的"排序和筛选"组中的"取消排序"按钮，关闭"工资"表和 tSalary 表。

实验 2.5　索引与表间关系

【实验目的】
● 熟练掌握表中索引的建立方法

● 掌握表间关系的建立方法以及参照完整性的设置方法

【实验内容】

1．在"人事管理.accdb"数据库中创建索引。

(1) 设置 tStudent 表中"学号"字段的"索引"属性为"有(无重复)"。

(2) 在 tGrade 表中，基于"学号"字段和"课程编号"字段创建普通索引，索引名称为 xhkcbh，"学号"字段按"升序"排序，"课程编号"字段按"降序"排序。

2．设置"人事管理.accdb"数据库中的表间关系与参照完整性。

(1) 创建 tStudent 表与 tGrade 表之间的关系，实施参照完整性，级联更新相关字段。

(2) 删除"tCourse"表与"tGrade"表之间已建立的错误表间关系，重新建立正确关系。

【操作步骤】

1．创建索引。

(1) 单字段索引。

① 在"人事管理.accdb"数据库的"导航"窗格中右击 tStudent 表，执行快捷菜单中的"设计视图"命令。

② 选中"学号"字段，在"常规"属性"索引"中设置属性值为"有(无重复)"。

③ 保存并关闭 tStudent 表。

(2) 多字段索引。

① 在"设计视图"窗口中打开 tGrade 表。

② 单击"表格工具/设计"选项卡的"显示/隐藏"组中的"索引"按钮，在"索引"对话框中输入"索引名称"：xhkcbh，选择参与索引的字段名称"学号"和"课程编号"，排序次序分别为"升序"和"降序"，结果如图 2-82 所示。

③ 关闭"索引"对话框，保存并关闭 tGrade 表。

2．设置表间关系与参照完整性。

(1) 创建表间关系。

① 在"人事管理.accdb"数据库窗口中，单击"数据库工具"选项卡的"关系"组中的"关系"按钮，打开"关系"窗口。

② 单击"关系工具/设计"选项卡的"关系"组中的"显示表"按钮，在"显示表"对话框中双击 tStudent 表，单击"关闭"按钮。

③ 在"关系"窗口中，将 tStudent 表中的"学号"字段拖放至 tGrade 表的"学号"字段上，系统弹出"编辑关系"对话框(图 2-83)，选中"实施参照完整性"复选框和"级联更新相关字段"复选框，单击"创建"按钮。

图 2-82　tGrade 表的索引　　　　　图 2-83　"编辑关系"对话框(关系类型未定)

④　如果系统弹出错误提示框(图2-84),则出错原因是作为主表的 tStudent 表未按"学号"字段建立主索引或唯一索引。在"关系"窗口中,右击 tStudent 表,在快捷菜单中执行"表设计"命令,在表的"设计视图"窗口中设置"学号"字段为主键。重新创建两表之间的关系并设置参照完整性,单击"创建"按钮,结果如图2-85所示。

图2-84　"找不到唯一索引"对话框　　　　图2-85　"编辑关系"对话框(关系类型确定)

(2)修改表间关系。

①　在"关系"窗口(图2-86)中,单击 tCourse 表与 tGrade 表之间已建立的关系连线,按 Delete 键。在"删除关系"提示框中单击"是"按钮,如图2-87所示。

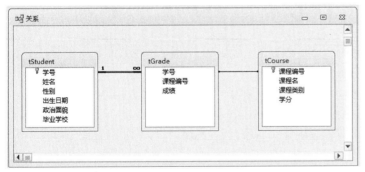

图2-86　"关系"窗口(错误关系)　　　　图2-87　"删除关系"提示框

②　将 tCourse 表中的"课程编号"字段拖放到 tGrade 表的"课程编号"字段上,在"编辑关系"对话框中单击"创建"按钮。改正后的表间关系如图2-88所示。

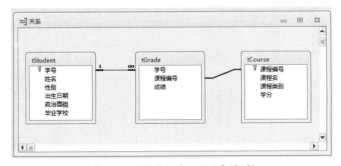

图2-88　"关系"窗口(正确关系)

③　关闭"关系"窗口,在"是否保存对'关系'布局的更改"提示框中单击"是"按钮。

练 习 题

1. 在素材文件夹下有一个数据库文件 ex01.accdb。按下列要求修改表 employee 的结构：

(1) 在"工号"字段之后添加"姓名"字段：数据类型为文本型，字段大小为 3。输入"姓名"字段值，如表 2-3 所示。

表 2-3　employee 表的"姓名"字段值

工号	63114	44011	69088	52030	72081	62217	75078	59088
姓名	王勇	马玲	刘佳	鲁明	周涛	李霞	周敏	王民

(2) 设置表 employee 的主键，隐藏"姓名"字段，冻结"工号"字段。

(3) 设置"基本工资"字段的默认值为：1800。

(4) 对表 employee 进行备份，备份表命名为"职工表"，存放在当前数据库中。

(5) 设置表的有效性规则为："津贴"字段的值不能超过"基本工资"字段的值。

(6) 导入 Excel 文件"缴费.xlsx"到 ex01.accdb 数据库中，将导入的表命名为"缴费记录"。

2. 在素材文件夹下，ex02.accdb 数据库文件中已有两个表对象"员工表"和"部门表"。完成表的下列操作。

(1) 设置"员工表"中"聘用时间"字段的有效性规则为：1989 年(含)以后的日期；设置相应的有效性文本为"请输入 1989 年以后的日期"。

(2) 将"员工表"中姓名为"李四"的员工的"照片"字段值替换为素材文件夹下的图像文件"李四.bmp"数据。

(3) 删除"员工表"中"姓名"字段的第 2 个字为"丽"的记录；隐藏"员工表"的"聘用时间"和"年龄"字段。

(4) 查找部门 04 的女主管，将其"编号"字段首字符更改为 4。

(5) 删除"员工表"和"部门表"之间的错误表间关系，建立正确的表间关系。

(6) 将 Excel 文件 Test.xlsx 中的部分数据导入一张新表 temp 中。要求导入其中的"姓名""性别""年龄"和"任职日期"4 个字段，第一行包含列标题，指定"姓名"字段为主键。

3. 素材文件夹下已有 ex00.accdb 和 ex03.accdb 数据库文件。试按以下要求，完成表的各种操作。

(1) 在 ex03.accdb 数据库文件中，根据 tSalary 表的结构，判断并设置主键；将 tSalary 表中的"工号"字段的字段大小设置为 8。

(2) 将 tSalary 表中的"年月"字段的有效性规则设置为只能输入当前年份 8 月 31 日以前(含 8 月 31 日)的日期；将表的有效性规则设置为输入的水电房租费小于输入的工资。

(3) 在 tSalary 表中增加一个字段，字段名为"百分比"，字段值为：百分比=水电房租费/工资，计算结果的"结果类型"为"双精度型"，"格式"为"百分比"，"小数位数"为 2。

(4) 将表 tEmp 中"工作时间"字段名修改为"工作日期"；将"性别"字段值的输入设置为"男""女"列表选择；将"姓名"和"年龄"两个字段的显示宽度设置为 15。

(5) 完成上述操作后, 建立表对象 tEmp 和 tSalary 的表间一对多关系, 并实施参照完整性。将善于交际的职工记录从有关表中删除。

(6) 将 ex00.accdb 数据库文件中的表对象 tTest 链接到 ex03.accdb 数据库文件中, 链接表对象命名为 tTemp。

4. 在素材文件夹下的数据库文件 ex04.accdb 中已经建立了一个表对象 tStud。完成以下操作。

(1) 将 ID 字段设为主键, 通过设置 ID 字段的属性, 使其在"数据表视图"窗口中显示标题为"学号"。

(2) 设置"性别"字段的默认值为"女"; 设置"入校时间"字段的相关属性, 使该字段的输入格式为"XXXX/XX/XX", 例如, 2014/08/28。

(3) 设置"入校时间"字段的有效性规则: 入校时间必须为 8 月或 9 月; 有效性文本为"入学时间为 8 月底或 9 月初"。

(4) 将第一条记录的"照片"字段值设置为 photo.bmp(使用"由文件创建"方式)。

(5) 设置"政治面目"字段的输入方式为从下拉列表中选择"党员""团员"和"群众"选项值。

(6) 将"销售业绩表.txt"文件导入 ex04.accdb 数据库文件中, 表名不变。

5. 在素材文件夹下, ex05.accdb 数据库文件中已建立表对象 tEmployee。完成表的以下操作。

(1) 设置表的主键, 删除"学历"字段。

(2) 将"出生日期"字段的有效性规则设置为"只能输入大于 16 岁的日期"(要求: 必须用函数计算年龄); 将"聘用时间"字段的有效性规则设置为"只能输入上一年度 8 月 1 日以前的日期"(不含 8 月 1 日); 将表的有效性规则设置为"聘用时的年龄不能小于 16 岁"。

(3) 追加新字段"在职否": 字段类型为"是/否", 默认值为 True。

(4) 将"职务"字段的输入设置为"职员""主管"和"经理"列表选择。

(5) 将有"书法"爱好的记录全部删除。

(6) 根据"所属部门"字段的值修改"编号", "所属部门"为 01 的, 将"编号"的第 1 位改为 1; "所属部门"为 02 的, 将"编号"的第 1 位改为 2, 依次类推。

实验 3 查 询

实验 3.1 创建选择查询

【实验目的】
- 了解查询的概念
- 掌握使用简单查询向导创建查询
- 掌握使用查询设计视图创建查询
- 掌握条件查询的创建
- 掌握使用查找重复项查询向导创建相关查询
- 掌握使用查找不匹配项查询向导创建相关查询
- 掌握运行查询的方法
- 掌握修改查询的方法

【实验内容】

在数据库 samp1.accdb 中，已经设计好 7 个关联表对象"院系""教师""工资""学生""课程""授课"和"成绩"。试用查询向导按以下要求完成设计。

1. 利用简单查询向导创建单表查询和多表查询。

(1)基于"教师"表，查询教师的"职工号""姓名""参加工作日期"和"职称"。将此查询保存为 qT1。

(2)基于"学生"表、"课程"表和"成绩"表查询学生的"学号""姓名""课程名称"和"成绩"。将此查询保存为 qT2。

2. 利用查询"设计视图"创建单表查询和多表查询。

(1)基于"学生"表，查询学生的"学号""姓名""性别""出生日期"和"籍贯"。将此查询保存为 qT3。

(2)基于"教师"表、"课程"表和"授课"表查询教师的"职工号""姓名""课程名称"和"学期"。将此查询保存为 qT4。

3. 使用查询"设计视图"创建基于一个或多个表的条件查询。

(1)基于"课程"表查找第 1 学期开设的必修课。将此查询保存为 qT5。

(2)基于"教师"表和"工资"表，查询男教授的"职工号""姓名""基本工资""岗位津贴"和"奖金"。将此查询保存为 qT6。

(3)在学生表中查找江苏籍的女学生，要求输出"学生"表的所有字段。将此查询保存为 qT7。

(4)在学生表中查找姓名第二个字为"春"或"飞"的所有学生信息，要求输出"学生"表的所有字段。将此查询保存为 qT8。

(5)基于"学生"表和"成绩"表检索未选课的学生信息。要求输出学生的"学号"和"姓名"两列数据。将此查询保存为 qT9。

| 说明 | 该查询要注意两张表的联接类型。 |

4．利用"查找重复项查询向导"在表中查找内容相同的记录。

在"学生"表中查找同名学生的"姓名""学号"和"籍贯"。将此查询保存为 qT10。

5．利用"查找不匹配项查询向导"在两个表或查询中查找不相匹配的记录。

基于"教师"表和"授课"表，查找没有授课任务的教师，输出信息包括"职工号""姓名"和"院系代码"。将此查询保存为 qT11。

6．利用多种方法运行已建立的查询。

7．利用查询"设计视图"编辑已建立的查询。

(1)重命名查询字段。修改查询 qT1，将"参加工作日期"字段输出名称改为"工作时间"。

(2)排序查询的结果。修改查询 qT2，将输出显示顺序改为先按"课程名称"升序排序，"课程名称"相同的按"成绩"降序排序。

(3)调整字段的输出顺序。修改查询 qT11，输出字段的显示顺序调整为"院系代码""职工号"和"姓名"。

【操作步骤】

打开数据库文件 samp1.accdb。

1．利用简单查询向导创建单表查询和多表查询。

(1)利用简单查询向导创建单表查询。

① 单击"创建"选项卡的"查询"组中的"查询向导"按钮，弹出"新建查询"对话框，如图 3-1 所示。

② 选择"简单查询向导"，单击"确定"命令按钮，弹出"简单查询向导"对话框，在"表/查询"组合框下拉列表中选择"教师"表，在"可用字段"的列表框中依次双击"职工号""姓名""参加工作日期"和"职称"，如图 3-2 所示。

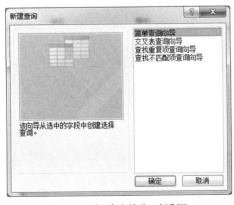

图 3-1　"新建查询"对话框

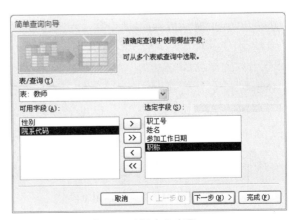

图 3-2　选择表和字段

③ 单击"下一步"按钮，在弹出的对话框的文本框中输入标题信息 qT1，并在选项按钮

中选择"打开查询查看信息",如图 3-3 所示。

④ 单击"完成"按钮,弹出运行结果窗口,如图 3-4 所示。

图 3-3　为查询指定标题及选择打开方式　　　　图 3-4　基于"教师"表的"简单查询向导"

查询的运行结果

(2) 利用简单查询向导创建多表查询。

① 单击"创建"选项卡的"查询"组中的"查询向导"按钮，弹出"新建查询"对话框。选择"简单查询向导"，单击"确定"命令按钮，弹出"简单查询向导"对话框。

② 在"表/查询"组合框下拉列表中选择"学生"表，在"可用字段"的列表框中依次双击"学号""姓名"。

③ 在"表/查询"组合框下拉列表中选择"课程"表，在"可用字段"的列表框中双击"课程名称"。

④ 在"表/查询"组合框下拉列表中选择"成绩"表，在"可用字段"的列表框中双击"成绩"，如图 3-5 所示。

⑤ 在"简单查询向导"对话框中，单击"下一步"按钮，在弹出的对话框中选择"明细(显示每个记录的每个字段)"，如图 3-6 所示。单击"下一步"按钮。

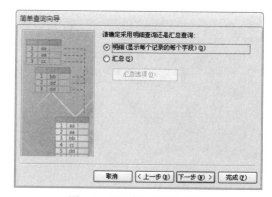

图 3-5　从多张表中选择查询的输出字段　　　　图 3-6　选择采用明细查询

⑥ 在弹出的对话框"请为查询指定标题"的文本框中输入 qT2，并在选项按钮中选择"打开查询查看信息"，单击"完成"命令按钮，弹出运行结果窗口，如图 3-7 所示。

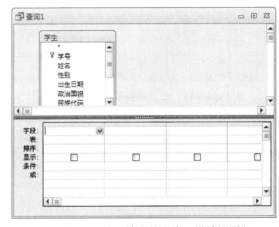

图 3-7　基于多张表的"简单查询向导"的运行结果

2．利用查询"设计视图"创建单表查询和多表查询。

(1)利用查询"设计视图"创建单表查询。

① 单击"创建"选项卡的"查询"组中的"查询设计"按钮，弹出"显示表"窗口，如图 3-8 所示。

② 选择"学生"表，先单击"添加"命令按钮，再单击"关闭"命令按钮，出现查询"设计视图"，如图 3-9 所示。

图 3-8　"显示表"窗口　　　　　　　图 3-9　基于单表的查询"设计视图"

③ 选择查询的输出字段，在查询"设计视图"中有 3 种方法添加输出字段：双击数据环境表中的字段；拖拽数据环境表中的字段到查询"设计视图"下半部分的"设计网格"中；在查询"设计视图"下半部分的设计网格中选择表和字段。

依次双击数据环境表中的字段"学号""姓名""性别""出生日期"和"籍贯"，结果如图 3-10 所示。

④ 单击"查询工具-设计"选项卡的"结果"组中的"运行"按钮，该查询的运行结果如图 3-11 所示。

⑤ 关闭查询结果的窗口，选择保存该查询，出现"另存为"对话框，将此查询名称设为qT3，单击"确定"命令按钮，如图 3-12 所示。

(2)利用查询"设计视图"创建多表查询。

① 单击"创建"选项卡的"查询"组中的"查询设计"按钮，弹出"显示表"窗口。

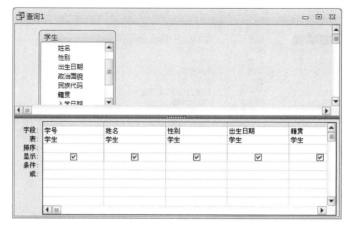

图 3-10　选择单张表中的输出字段

图 3-11　基于单张表的查询运行结果　　　　图 3-12　"另存为"对话框

② 选择"教师"表,单击"添加"按钮,选择"授课"表,单击"添加"按钮;选择"课程"表,单击"添加"按钮;再单击"关闭"按钮,出现查询"设计视图",如图 3-13 所示。

图 3-13　基于多表的查询"设计视图"

③ 依次双击数据环境"教师"表中的字段"职工号"和"姓名","课程"表中的字段"课程名称"和"学期",结果如图 3-14 所示。

④ 单击"查询工具-设计"选项卡的"结果"组中的"运行"按钮，该查询的运行结果如图 3-15 所示。

⑤ 关闭查询结果的窗口,选择保存该查询,出现"另存为"对话框,将此查询名称设为

qT4，单击"确定"按钮。

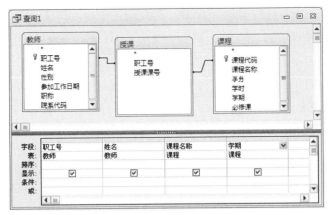

图 3-14　选择多张表中的输出字段

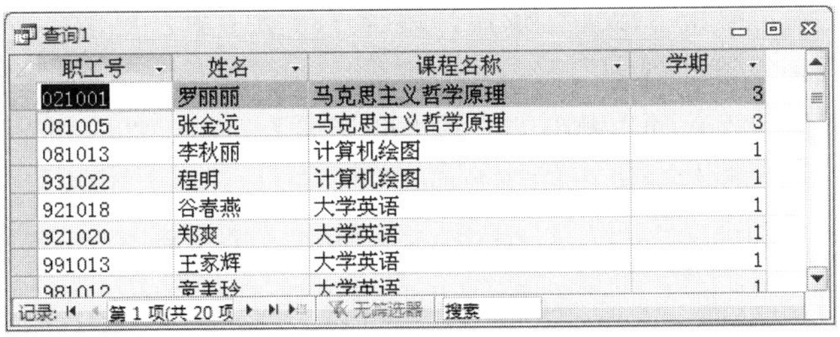

图 3-15　基于多张表的查询运行结果

3．使用查询"设计视图"创建基于一个或多个表的条件查询。

（1）使用查询"设计视图"创建基于一个表的条件查询。

① 单击"创建"选项卡的"查询"组中的"查询设计"按钮，弹出"显示表"窗口。

② 选择"课程"表，先单击"添加"按钮，再单击"关闭"按钮，出现查询"设计视图"。

③ 在查询"设计视图"的上部分，依次双击"课程"表中的字段"课程代码""课程名称""学分""学时""学期"和"必修课"。

④ 在"学期"字段列的"条件"行中输入 1；在"必修课"字段列的"条件"行中输入 True，如图 3-16 所示。

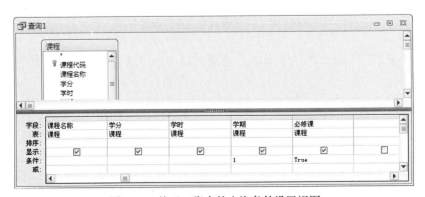

图 3-16　基于一张表的查询条件设置视图

⑤ 单击"查询工具-设计"选项卡的"结果"组中的"运行"按钮 ，该查询的运行结果如图 3-17 所示。

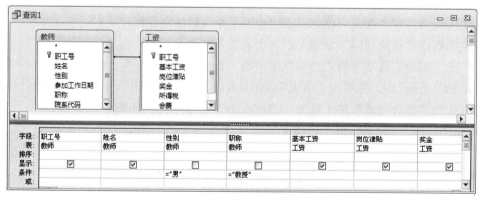

图 3-17　基于单张表的查询运行结果

⑥ 关闭查询结果的窗口，选择保存该查询，出现"另存为"对话框，将此查询名称设为 qT5，单击"确定"命令按钮。

(2) 使用查询"设计视图"创建基于多个表的条件查询。

① 单击"创建"选项卡的"查询"组中的"查询设计"按钮 ，弹出"显示表"窗口。

② 选择"教师"表，单击"添加"按钮；选择"工资"表，单击"添加"按钮；再单击"关闭"按钮，出现查询"设计视图"。

③ 依次双击数据环境"教师"表中的字段"职工号""姓名""性别"和"职称"，"工资"表中的字段"基本工资""岗位津贴"和"奖金"。

④ 在"性别"字段列的"条件"行中输入：="男"，并取消"显示"行的勾选；在"职称"字段列的"条件"行中输入：="教授"，并取消"显示"行的勾选，设计界面如图 3-18 所示。

图 3-18　基于多张表的查询条件设置视图

⑤ 单击"查询工具-设计"选项卡的"结果"组中的"运行"按钮 ，该查询的运行结果如图 3-19 所示。

图 3-19　基于多张表的查询运行结果

⑥ 关闭查询结果的窗口，选择保存该查询，出现“另存为”对话框，将此查询名称设为qT6，单击“确定”命令按钮。

(3) 多条件查询。

① 单击“创建”选项卡的“查询”组中的“查询设计”按钮，弹出“显示表”窗口。

② 选择“学生”表，单击“添加”按钮，再单击“关闭”按钮，出现查询“设计视图”。

③ 依次双击数据环境“学生”表中的字段“*”(表示所有字段)、“性别”和“籍贯”。

④ 在“性别”字段列的“条件”行中输入：="女"，并取消“显示”行的勾选；在“籍贯”字段列的“条件”行中输入：LIKE "江苏*"，并取消“显示”行的勾选，设计界面如图3-20所示。

查询1
学生
性别
出生日期
政治面貌
民族代码
籍贯
字段: 学生.* 性别 籍贯
表: 学生 学生 学生
排序:
显示:
条件: ="女" Like "江苏*"
或:

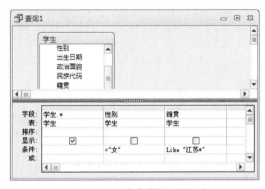

图3-20 查询条件设置视图

⑤ 单击“查询工具-设计”选项卡的“结果”组中的“运行”按钮，该查询的运行结果如图3-21所示。

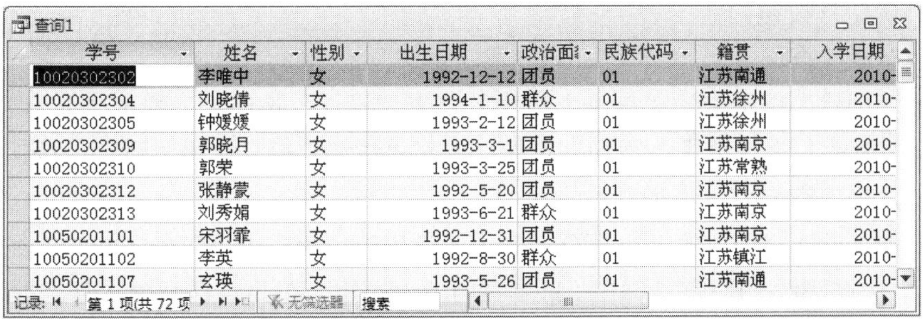

查询1
学号 姓名 性别 出生日期 政治面 民族代码 籍贯 入学日期
10020302302 李唯中 女 1992-12-12 团员 01 江苏南通 2010-
10020302304 刘晓倩 女 1994-1-10 群众 01 江苏徐州 2010-
10020302305 钟媛媛 女 1993-2-12 团员 01 江苏徐州 2010-
10020302309 郭晓月 女 1993-3-1 团员 01 江苏南京 2010-
10020302310 郭荣 女 1993-3-25 团员 01 江苏常熟 2010-
10020302312 张静蒙 女 1992-5-20 团员 01 江苏南京 2010-
10020302313 刘秀娟 女 1993-6-21 群众 01 江苏南京 2010-
10050201101 宋羽霏 女 1992-12-31 团员 01 江苏南京 2010-
10050201102 李英 女 1992-8-30 群众 01 江苏镇江 2010-
10050201107 玄瑛 女 1993-5-26 团员 01 江苏南通 2010-
记录: 第1项(共72项 无筛选器 搜索

图3-21 查询的运行结果

⑥ 关闭查询结果的窗口，选择保存该查询，出现“另存为”对话框，将此查询名称设为qT7，单击“确定”按钮。

(4) 一个查询条件中带有通配符的查询。

① 单击“创建”选项卡的“查询”组中的“查询设计”按钮，弹出“显示表”窗口。

② 选择“学生”表，单击“添加”按钮，再单击“关闭”按钮，出现查询“设计视图”。

③ 依次双击数据环境“学生”表中的字段“*”(表示所有字段)、“姓名”。

④ 在“姓名”字段列的“条件”行中输入：LIKE "?春*"；在“姓名”字段列的“或”

行中输入：LIKE "?飞*"，并取消"显示"行的勾选，设计界面如图 3-22 所示。

图 3-22　带通配符的查询条件设置视图

⑤ 单击"查询工具-设计"选项卡的"结果"组中的"运行"按钮，该查询的运行结果如图 3-23 所示。

图 3-23　带通配符的查询的运行结果

⑥ 关闭查询结果的窗口，选择保存该查询，出现"另存为"对话框，将此查询名称设为 qT8，单击"确定"按钮。

(5)一个左联接查询。

① 单击"创建"选项卡的"查询"组中的"查询设计"按钮，弹出"显示表"窗口。

② 选择"学生"表，单击"添加"按钮；选择"成绩"表，单击"添加"按钮；再单击"关闭"按钮，出现查询"设计视图"。

③ 在查询"设计视图"的上半部分，右击"学生"表和"成绩"表之间的连线，在弹出的快捷菜单中选择"联接属性"，弹出"联接属性"对话框，在此对话框中选择"2：包括"学生"中的所有记录和"成绩"中联接字段相等的那些记录。"，如图 3-24 所示，然后单击"确定"按钮。

图 3-24　"联接属性"对话框

④ 依次双击数据环境"学生"表中的字段"学号"和"姓名","成绩"表中的字段"成绩"。

⑤ 在"成绩"字段列的"条件"行中输入：Is Null，并取消"显示"行的勾选，设计界面如图 3-25 所示。

⑥ 单击"查询工具-设计"选项卡的"结果"组中的"运行"按钮，该查询的运行结果如图 3-26 所示。

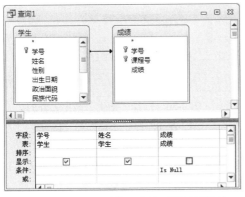

图 3-25 "左联接"查询"设计视图"

图 3-26 "左联接"查询运行的结果

⑦ 关闭查询结果的窗口，选择保存该查询，出现"另存为"对话框，将此查询名称设为 qT9，单击"确定"命令按钮。

4．利用"查找重复项查询向导"在表中查找内容相同的记录。

① 单击"创建"选项卡的"查询"组中的"查询向导"按钮，弹出"新建查询"对话框，如图 3-27 所示。

② 选择"查找重复项查询向导"，单击"确定"命令按钮，弹出"查找重复项查询向导"对话框，在列表框中选择"学生"表，如图 3-28 所示。

图 3-27 "新建查询"对话框

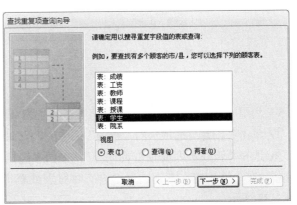

图 3-28 "查找重复项查询向导"对话框

③ 单击"下一步"按钮，在弹出的"查找重复项查询向导"对话框中，选择"学生"表中可能的重复值字段"姓名"，如图 3-29 所示。

④ 单击"下一步"按钮，在左侧"可用字段"列表框中，依次双击"学号"和"籍贯"

字段到右侧"另外的查询字段"列表框中，如图 3-30 所示。

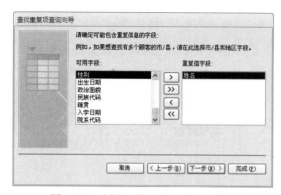 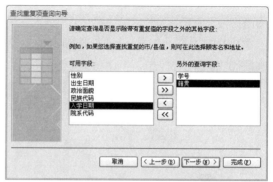

图 3-29 选择"学生"表中可能的   图 3-30 选择"学生"表中另外的
         重复值字段"姓名"   查询字段"学号"和"籍贯"

⑤ 单击"下一步"按钮，在弹出的对话框"请指定查询的名称"的文本框中输入 qT10，并在选项按钮中选择"查看结果"，如图 3-31 所示。

⑥ 单击"完成"按钮，弹出运行结果窗口，如图 3-32 所示。

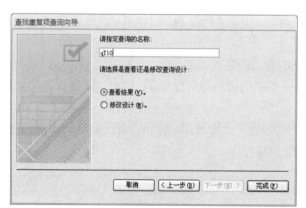

图 3-31 为查询指定名称及选择查看方式   图 3-32 "查找重复项查询向导"
                                                        查询的运行结果

5. 利用"查找不匹配项查询向导"在两个表或查询中查找不相匹配的记录。

① 单击"创建"选项卡的"查询"组中的"查询向导"按钮，弹出"新建查询"对话框。

② 选择"查找不匹配项查询向导"，单击"确定"按钮，弹出"查找不匹配项查询向导"对话框。在"请确定在查询结果中含有哪张表或查询中的记录"列表框中选择"教师"表，如图 3-33 所示。

③ 单击"下一步"按钮，弹出"查找不匹配项查询向导"对话框。在"请确定哪张表或查询包含相关记录"列表框中选择"授课"表，如图 3-34 所示。

④ 单击"下一步"按钮，弹出"查找不匹配项查询向导"对话框，选择"教师"表中的字段"职工号"<=>"授课"表中的字段"职工号"，如图 3-35 所示。

⑤ 单击"下一步"按钮，在弹出的"查找不匹配项查询向导"对话框中，选择查询结果

中所需的字段"职工号""姓名"和"院系代码",如图 3-36 所示。

图 3-33 选择"教师"表

图 3-34 选择"授课"表

图 3-35 在两张表上选择匹配字段

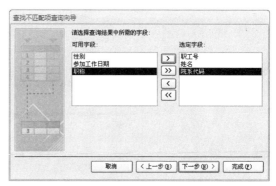

图 3-36 选择查询结果中所需的字段

⑥ 单击"下一步"按钮,在弹出的对话框"请指定查询的名称"的文本框中输入 qT11,并在选项按钮中选择"查看结果",如图 3-37 所示。

⑦ 单击"完成"按钮,弹出运行结果窗口,如图 3-38 所示。

图 3-37 为查询指定名称及选择查看方式

图 3-38 "查找不匹配项查询向导"
查询的运行结果

6. 利用多种方法运行已建立的查询。

运行查询的方法有以下几种:

(1)在数据库窗口"所有 Access 对象"导航窗格中,双击"查询"对象栏中要运行的查询。

(2) 在数据库窗口"所有 Access 对象"导航窗格中，右击"查询"对象栏中要运行的查询，在快捷菜单中选择"打开"命令。

(3) 在查询的"设计"视图中，单击"设计"选项卡中的"结果"组内的"运行"按钮 。

(4) 在查询的"设计"视图中，单击"设计"选项卡中的"结果"组内的"视图"选项中的"数据表视图"即可。

7. 利用查询"设计视图"编辑已建立的查询。

(1) 修改输出字段名称。

① 在数据库窗口"所有 Access 对象"导航窗格中，右击"查询"对象栏中 qT1 查询，在快捷菜单中选择"设计视图"命令。

② 重新指定查询输出字段的标题。在"[参加工作日期]"字段名前添加"工作时间:"，注意冒号是英文半角的冒号，如图 3-39 所示。

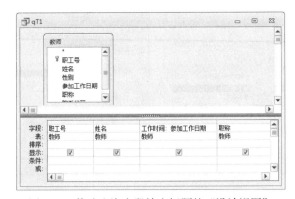

图 3-39　修改查询字段输出标题的"设计视图"

③ 单击"设计"选项卡中的"结果"组内的"运行"按钮 ，查看运行效果。再单击"关闭"按钮，以原名保存该查询。

(2) 设置排序顺序。

① 在数据库窗口"所有 Access 对象"导航窗格中，右击"查询"对象栏中 qT2 查询，在快捷菜单中选择"设计视图"命令。

② 在查询"设计视图"下半部分的"设计网格"中，先选择"课程名称"列，在其"排序"行选择"升序"，再选择"成绩"列，在其"排序"行选择"降序"，如图 3-40 所示。

图 3-40　修改查询排序方式

③ 单击"设计"选项卡中的"结果"组内的"运行"按钮，查看运行效果。再单击"关闭"按钮，以原名保存该查询。

(3) 调整字段的输出顺序。

① 在数据库窗口"所有 Access 对象"导航窗格中，右击"查询"对象栏中 qT11 查询，在快捷菜单中选择"设计视图"命令。

② 在查询"设计视图"下半部分的"设计网格"中，先选中"院系代码"列，用鼠标左键拖拽"院系代码"至"职工号"前即可，如图 3-41 所示。

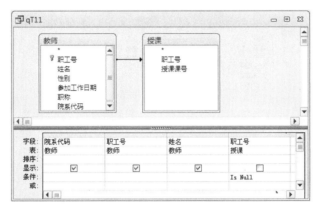

图 3-41　调整字段输出顺序

③ 单击"设计"选项卡中的"结果"组内的"运行"按钮，查看运行效果。再单击"关闭"按钮，以原名保存该查询。

实验 3.2　创建总计查询

【实验目的】

- 了解总计查询的概念
- 掌握常用的几个集函数使用方法
- 掌握总计查询的建立方法

【实验内容】

在数据库 samp2.accdb 中，已经设计好 5 个关联表对象"院系""教师""学生""课程"和"成绩"。试用查询向导按以下要求完成设计。

1. 基于"学生"表和"成绩"表，查询每个学生的总分、平均分、最高分、最低分和选课门数。要求输出字段为"学号""姓名""总分""平均分""最高分""最低分"和"选课门数"。按成绩计数，将此查询保存为 qT1。

2. 在"学生"表中统计各院系的男女生人数。要求输出字段为"院系代码""性别"和"人数"。按学号计数，将此查询保存为 qT2。

3. 基于"教师"表和"院系"表，统计各院系男、女教师各有多少名。要求输出字段为"院系名称""性别"和"人数"，按院系名称升序排序、院系名称相同的按性别降序排序。按职工号计数，将此查询保存为 qT3。

【操作步骤】

打开数据库文件 samp2.accdb。

1．创建 qT1 查询。

(1)单击"创建"选项卡的"查询"组中的"查询设计"按钮，弹出"显示表"窗口。

(2)选择"学生"表，单击"添加"按钮；选择"成绩"表，单击"添加"按钮；再单击"关闭"命令按钮，出现查询"设计视图"，如图 3-42 所示。

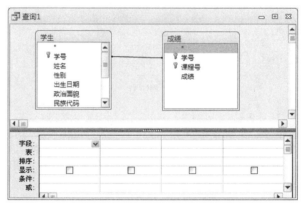

图 3-42　查询的"设计视图"

(3)依次双击数据环境"学生"表中的字段"学号"和"姓名"，连续 5 次双击"成绩"表中的字段"成绩"，结果如图 3-43 所示。

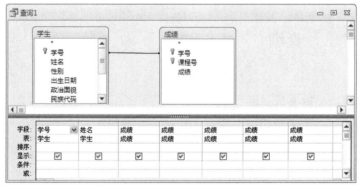

图 3-43　选择查询的输出字段

(4)单击"查询工具-设计"选项卡的"显示/隐藏"组中的"汇总"按钮，如图 3-44 所示。

(5)依次修改"成绩"列的"总计"行为：合计、平均值、最大值、最小值、计数。再依次修改"成绩"列的"字段"行为：总分:成绩、平均分:成绩、最高分:成绩、最低分:成绩、选课门数:成绩，如图 3-45 所示。

(6)单击"设计"选项卡中的"结果"组内的"运行"按钮，查看运行效果，如图 3-46 所示。单击"关闭"按钮，保存该查询为 qT1。

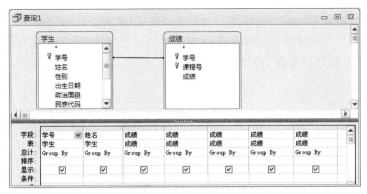

图 3-44 选择"汇总"查询方式

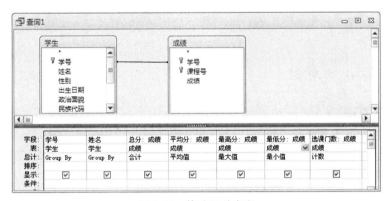

图 3-45 修改汇总字段

学号	姓名	总分	平均分	最高分	最低分	选课门数
10020302310	郭荣	331	66.2	75	42	5
10050201101	宋羽霏	395	79	92	70	5
10050201106	王浩然	420	84	96	67	5
10050301203	郭颂贤	368	73.6	94	56	5
10050301205	黄思妍	383	76.6	87	60	5
10050301209	安琪	388	77.6	97	53	5
10080801303	秦雪娇	406	81.2	96	52	5
10080801307	王德智	379	75.8	86	55	5
10080801320	张晓磊	403	80.6	90	68	5
10827030101	李星辰	349	69.8	95	43	5
10827030115	靳美娜	385	77	94	53	5
10827030118	田甜	393	78.6	92	67	5
10827030125	孙善龙	400	80	95	70	5
10827030128	张欣	366	73.2	94	52	5
10827030130	张琪	378	75.6	95	50	5
11070101113	展光鹏	384	76.8	94	66	5
11080902202	聂慧晨	443	88.6	94	83	

图 3-46 汇总查询的运行结果

2. 创建 qT2 查询。

(1) 单击"创建"选项卡的"查询"组中的"查询设计"按钮 ，弹出"显示表"窗口。

(2) 选择"学生"表，单击"添加"按钮，再单击"关闭"按钮，出现查询"设计视图"。

(3) 依次双击数据环境"学生"表中的字段"院系代码""性别"和"学号"。

(4) 单击"查询工具-设计"选项卡的"显示/隐藏"组中的"汇总"按钮 Σ 。

(5) 修改"学号"列的"总计"行为：计数，再修改"学号"列的"字段"行为：人数：

学号，如图 3-47 所示。

（6）单击"设计"选项卡中的"结果"组内的"运行"按钮，查看运行效果，如图 3-48 所示。单击"关闭"按钮，保存该查询为 qT2。

图 3-47　修改字段　　　　　　　　　　　　图 3-48　汇总查询的运行结果

3．创建 qT3 查询。

（1）单击"创建"选项卡的"查询"组中的"查询设计"按钮，弹出"显示表"窗口。

（2）选择"院系"表，单击"添加"按钮；选择"教师"表，单击"添加"按钮；再单击"关闭"命令按钮，出现查询"设计视图"。

（3）依次双击数据环境"院系"表中的字段"院系名称"，双击"教师"表中的字段"性别"和"职工号"。

（4）单击"查询工具-设计"选项卡的"显示/隐藏"组中的"汇总"按钮。

（5）修改"职工号"列的"总计"行为：计数，再修改"职工号"列的"字段"行为：人数:职工号。

（6）修改"院系名称"列的排序行为：升序，再修改"性别"列的排序行为：降序，如图 3-49 所示。

（7）单击"设计"选项卡中的"结果"组内的"运行"按钮，查看运行效果，如图 3-50 所示。单击"关闭"按钮，保存该查询为 qT3。

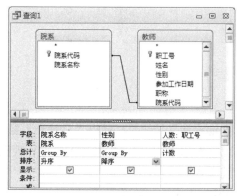

图 3-49　设置汇总字段及排序方式　　　　　图 3-50　带排序的汇总查询的运行结果

实验 3.3　创建计算查询

【实验目的】
● 掌握在查询结果中添加计算字段的方法
● 掌握计算查询的建立方法
● 掌握查询表达式的使用

【实验内容】
在数据库 samp3.accdb 中，已经设计好 5 个关联表对象"教师""工资""学生""课程"和"成绩"。试用查询向导按以下要求完成设计。

1. 在"学生"表中统计各班级的男女生人数。要求输出字段为"班级""性别"和"人数"。按姓名计数，将此查询保存为 qT1。

说明	学号的前 6 位是班级。

2. 基于"课程"表和"成绩"表，统计各班级每门课程的平均分数（注：平均分要用函数保留 2 位小数）。要求输出字段为"班级""课程名称"和"平均分"。将此查询保存为 qT2。

3. 基于"教师"表和"工资"表，计算各位的应发工资(注：应发工资=基本工资+岗位津贴+奖金)。要求输出字段为"姓名""应发工资"。将此查询保存为 qT3。

4. 创建一个查询，在"教师"表中检索职称为"教授"的职工的"职工号"和"姓名"信息，然后将两列信息合二为一输出(比如，编号为 851025、姓名为"王洪昌"的数据输出形式为"851025 王洪昌")，并命名字段标题为"高级职称"。将查询命名为 qT4。

【操作步骤】
打开数据库文件 samp3.accdb。

1. 创建查询 qT1。

(1)单击"创建"选项卡的"查询"组中的"查询设计"按钮，弹出"显示表"窗口。

(2)选择"学生"表，单击"添加"按钮，再单击"关闭"按钮，出现查询"设计视图"。

(3)依次双击数据环境"学生"表中的字段"学号""性别"和"姓名"。

(4)单击"查询工具-设计"选项卡的"显示/隐藏"组中的"汇总"按钮。

(5)修改"学号"列的"字段"行为：班级:Left([学号],6)。

(6)修改"姓名"列的"总计"行为：计数，再修改"姓名"列的"字段"行为：人数:姓名，如图 3-51 所示。

(7)单击"设计"选项卡中的"结果"组内的"运行"按钮，查看运行效果，如图 3-52 所示。单击"关闭"按钮，保存该查询为 qT1。

图 3-51 查询"设计视图"

图 3-52 计算查询的运行结果

2. 创建查询 qT2。

(1)单击"创建"选项卡的"查询"组中的"查询设计"按钮 📑，弹出"显示表"窗口。

(2)选择"课程"表，单击"添加"按钮；选择"成绩"表，单击"添加"按钮；再单击"关闭"按钮，出现查询"设计视图"。

(3)双击数据环境"成绩"表中的字段"学号"，双击"课程"表中的字段"课程名称"，双击"成绩"表中的字段"成绩"。

(4)单击"查询工具-设计"选项卡的"显示/隐藏"组中的"汇总"按钮 Σ。

(5)修改"学号"列的"字段"行为：班级:Left([学号],6)。

(6)修改"成绩"列的"字段"行为：平均分:Round(Avg([成绩].[成绩]),2)，再修改"成绩"列的"总计"行为：Expression，如图 3-53 所示。

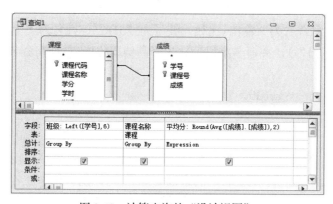

图 3-53 计算查询的"设计视图"

(7)单击"设计"选项卡中的"结果"组内的"运行"按钮 ❗，查看运行效果，如图 3-54 所示。

(8)图 3-54 中平均分的结果没有固定为 2 位小数。单击"开始"选项卡中的"视图"内的"设计视图"，再单击"查询工具-设计"选项卡的"显示/隐藏"组中的"属性表"按钮 🔲属性表，弹出"属性表"窗口，在查询"设计视图"下半部分的"设计网格"中单击"平均分"，在"属性表"窗口中，将格式设置为"标准"或"固定"，如图 3-55 所示。

图 3-54 计算查询运行结果

图 3-55 "属性表"窗口

(9) 单击"设计"选项卡中的"结果"组内的"运行"按钮，查看运行效果，如图 3-56所示。

(10) 单击"关闭"按钮，保存该查询为 qT2。

3. 创建查询 qT3。

(1) 单击"创建"选项卡的"查询"组中的"查询设计"按钮，弹出"显示表"窗口。

(2) 选择"教师"表，单击"添加"按钮；选择"工资"表，单击"添加"按钮；再单击"关闭"按钮，出现查询"设计视图"。

(3) 双击数据环境"教师"表中的字段"姓名"，双击"工资"表中的字段"基本工资"。

(4) 修改"基本工资"列的"字段"行为：应发工资:[基本工资]+[岗位津贴]+[奖金]，如图 3-57 所示。

图 3-56 查询的运行结果

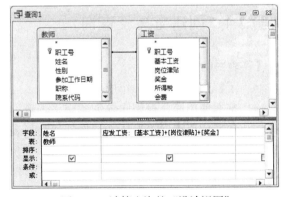

图 3-57 计算查询的"设计视图"

(5) 单击"设计"选项卡中的"结果"组内的"运行"按钮，查看运行效果，如图 3-58所示。

(6) 单击"关闭"按钮，保存该查询为 qT3。

4. 创建查询 qT4。

(1) 单击"创建"选项卡的"查询"组中的"查询设计"按钮，弹出"显示表"窗口。

图 3-58　查询的运行结果

（2）选择"教师"表，单击"添加"按钮；再单击"关闭"按钮，出现查询"设计视图"。

（3）双击数据环境"教师"表中的字段"职工号"和"职称"。

（4）修改"编号"列的"字段"行为：高级职称:[职工号] & [姓名]，修改"职称"列的"条件"行为：="教授"，并把"显示"行的勾去掉，如图 3-59 所示。

（5）单击"设计"选项卡中的"结果"组内的"运行"按钮，查看运行效果，如图 3-60 所示。

图 3-59　查询的"设计视图"

图 3-60　查询的运行结果

（6）单击"关闭"按钮，保存该查询为 qT4。

实验 3.4　创建交叉表查询

【实验目的】

- 了解交叉表查询的作用
- 掌握使用简单查询向导创建交叉表查询
- 掌握使用查询"设计视图"创建交叉表查询

【实验内容】

在数据库 samp4.accdb 中，已经设计好 7 个关联表对象 student、course、score、tEmployee、tOrder、tDetail 和 tBook。试用查询向导按以下要求完成设计。

1．基于 score 表使用简单查询向导创建交叉表查询。要求显示时行标题为"学号"，列标题为"课程号"，值为"成绩"，不需要行小计。将此查询保存为 qT1。

2．基于 student、course 和 score 表使用查询"设计视图"创建交叉表查询。要求行标题为"姓名"，列标题为"课程名称"，值为"成绩"。将此查询保存为 qT2。

3．创建一个查询，计算并显示每名雇员各月售书的总金额，显示时行标题为"月份"，列标题为"姓名"。将此查询保存为 qT3。

金额=数量×售出单价。

要求：使用相关函数，使计算出的总金额按整数显示。

【操作步骤】

打开数据库文件 samp4.accdb。

1．创建查询 qT1。

(1)单击"创建"选项卡的"查询"组中的"查询向导"按钮，弹出"新建查询"窗口。

(2)在"新建查询"窗口中选择"交叉表查询向导"，单击"确定"按钮，弹出"交叉表查询向导"对话框，如图 3-61 所示。

(3)在"交叉表查询向导"对话框中选择"表：score"，单击"下一步"按钮，弹出"交叉表查询向导"对话框的选定行标题窗口，选定"学号"作为行标题，如图 3-62 所示。

图 3-61 "交叉表查询向导"对话框

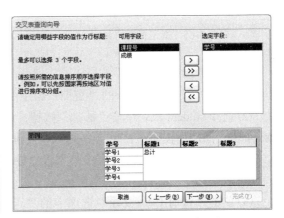

图 3-62 选定交叉表的"行标题"

(4)单击"下一步"按钮，弹出"交叉表查询向导"对话框的选定列标题窗口，选定"课程号"作为列标题，如图 3-63 所示。

(5)单击"下一步"按钮，弹出"交叉表查询向导"对话框的设置行列交叉点的值窗口，选定"成绩"作为值，函数选择 First 取消勾选复选框"是，包括各行小计"，如图 3-64 所示。

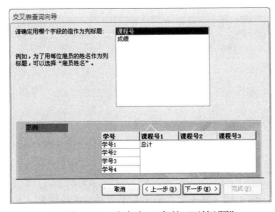

图 3-63 选定交叉表的"列标题"

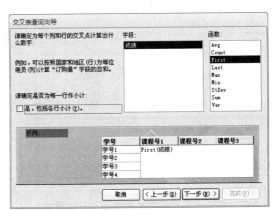

图 3-64 设置行列交叉点的"值"窗口

（6）单击"下一步"按钮，在弹出的对话框"请指定查询的名称"的文本框中输入 qT1，并在选项按钮中选择"查看查询"，如图 3-65 所示。

（7）单击"完成"按钮，弹出运行结果窗口，如图 3-66 所示。

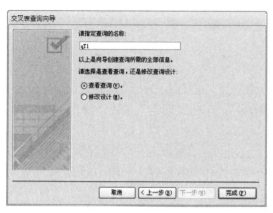
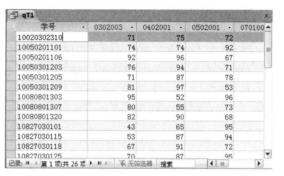

图 3-65　指定查询的名称　　　　　　　　图 3-66　交叉表查询的运行结果

2. 创建查询 qT2。

（1）单击"创建"选项卡的"查询"组中的"查询设计"按钮，弹出"显示表"窗口。

（2）选择 student 表，单击"添加"按钮；选择 score 表，单击"添加"按钮；选择 course 表，单击"添加"按钮；再单击"关闭"按钮，出现查询"设计视图"。

（3）双击数据环境 student 表中的字段"姓名"，双击 course 表中的字段"课程名称"，双击 score 表中的字段"成绩"。

（4）单击"查询工具-设计"选项卡的"查询类型"组中的"交叉表"按钮，将查询类型修改为交叉表查询。

（5）在查询"设计视图"下半部分的"设计网格"中，将"姓名"列的"交叉表"行设为"行标题"；将"课程名称"列的"交叉表"行设为"列标题"；将"成绩"列的"总计"行设为 First，并将其"交叉表"行设为"值"，如图 3-67 所示。

（6）单击"设计"选项卡中的"结果"组内的"运行"按钮，查看运行效果，如图 3-68 所示。

图 3-67　基于多张表的交叉表查询"设计视图"　　　图 3-68　基于多张表的交叉表查询运行结果

(7) 单击"关闭"按钮,保存该查询为 qT2。

3．创建查询 qT3。

(1) 单击"创建"选项卡的"查询"组中的"查询设计"按钮，弹出"显示表"窗口。

(2) 选择 tEmployee 表，单击"添加"按钮；选择 tOrder 表，单击"添加"按钮；选择 tDetail 表，单击"添加"按钮；再单击"关闭"按钮；出现查询"设计视图"。

(3) 双击数据环境 tOrder 表中的字段"订购日期"，双击 tEmployee 表中的字段"姓名"，双击 tDetail 表中的字段"售出单价"。

(4) 单击"查询工具-设计"选项卡的"查询类型"组中的"交叉表"按钮，将查询类型修改为交叉表查询。

(5) 在查询"设计视图"下半部分的"设计网格"中，将"订购日期"列的"字段"行修改为：月份: Month([订购日期])，并将其"交叉表"设为"行标题"；将"姓名"列的"交叉表"行设为"列标题"；将"售出单价"列的"字段"行修改为：总金额:Round(Sum([售出单价]*[数量]),0)，将"总计"行设为 Expression，并将其"交叉表"行设为"值"，如图 3-69 所示。

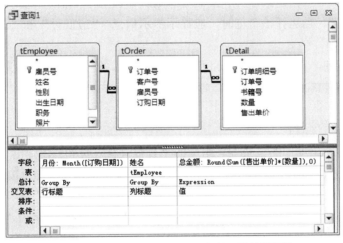

图 3-69 含有计算字段的交叉表的"设计视图"

(6) 单击"设计"选项卡中的"结果"组内的"运行"按钮，查看运行效果，如图 3-70 所示。

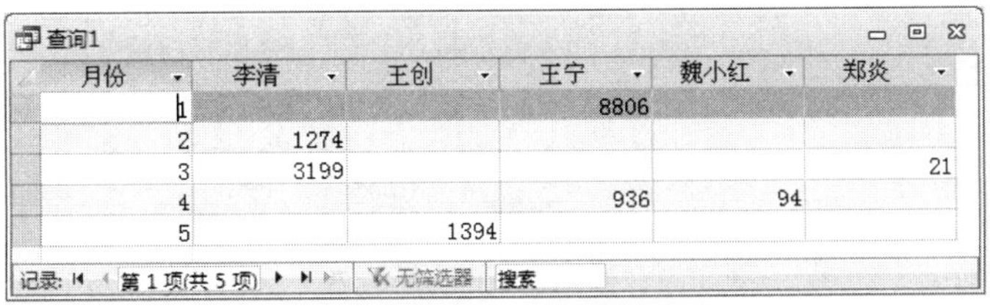

图 3-70 含有计算字段的交叉表的运行结果

(7) 单击"关闭"按钮，保存该查询为 qT3。

实验 3.5　创建参数查询

【实验目的】

- 了解参数查询的作用
- 掌握使用单个参数的查询设计
- 掌握使用多个参数的查询设计
- 掌握参数值为窗体上的对象的查询设计

【实验内容】

在数据库 samp5.accdb 中，里面已经设计好关联表对象 tStud、tScore、tCourse 和窗体对象 fEmp，试按以下要求完成设计。

1. 创建一个查询，按学生姓氏查找学生的信息，并显示"姓名""课程名"和"成绩"。当运行该查询时，应显示提示信息："请输入学生姓氏"。所建查询命名为 qT1。说明：这里不用考虑复姓情况。

2. 创建一个查询，按指定最低分和最高分查询英语课的学生信息，要求输出显示"姓名""课程名"和"成绩"。当运行该查询时，应显示提示信息："最低分"和"最高分"。所建查询命名为 qT2。

3. 创建一个查询，查询表对象 tStud 中的所有信息，条件是把性别作为参数，参数为窗体对象 fSex 上组合框 tSex 的值。所建查询命名为 qT3。

【操作步骤】

1. 创建查询对象"qT1"。

(1)单击"创建"选项卡的"查询"组中的"查询设计"按钮，弹出"显示表"窗口。

(2)选择 tStud 表，单击"添加"按钮；选择 tScore 表，单击"添加"按钮；选择 tCourse 表，单击"添加"按钮；再单击"关闭"按钮，出现查询"设计视图"。

(3)依次双击数据环境 tStud 表中的字段"姓名"，tCourse 表中的字段"课程名"，tScore 表中的字段"成绩"，再次双击 tStud 表中的字段"姓名"，使之成为第 4 个输出字段。

(4)在查询"设计视图"下半部分的"设计网格"中，修改第 4 列字段"姓名"，将其"字段"行修改为：Left([姓名],1)，在"条件"行中输入：[请输入学生姓氏]，并取消"显示"行的勾选，设计界面如图 3-71 所示。

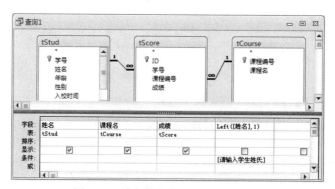

图 3-71　单参数查询的"设计视图"

(5) 单击"查询工具-设计"选项卡的"结果"组中的"运行"按钮，弹出"输入参数值"对话框，如图 3-72 所示。

(6) 如果在参数对话框中输入姓氏"张"，则该查询的运行结果如图 3-73 所示。

图 3-72　"输入参数值"对话框　　　　　　　图 3-73　单参数查询的运行结果

(7) 关闭查询结果的窗口，选择保存该查询，出现"另存为"对话框，将此查询名称设为 qT1，单击"确定"按钮。

2. 创建查询对象 qT2。

(1) 单击"创建"选项卡的"查询"组中的"查询设计"按钮，弹出"显示表"窗口。

(2) 选择 tStud 表，单击"添加"按钮；选择 tScore 表，单击"添加"按钮；选择 tCourse 表，单击"添加"按钮；再单击"关闭"按钮，出现查询"设计视图"。

(3) 依次双击数据环境 tStud 表中的字段"姓名"，tCourse 表中的字段"课程名"，tScore 表中的字段"成绩"。

(4) 在查询"设计视图"下半部分的"设计网格"中，单击"课程名"字段，在其"条件"行中输入：="英语"；单击"成绩"字段，在其"条件"行中输入：>=[最低分] And <=[最高分]，或者输入：Between [最低分] And [最高分]，设计界面如图 3-74 所示。

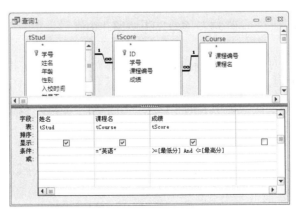

图 3-74　多参数查询的"设计视图"

(5) 单击"查询工具-设计"选项卡的"结果"组中的"运行"按钮，弹出"输入参数值"对话框(说明：输入第 1 个参数值后，单击"确定"按钮，才会弹出第 2 个参数对话框)，如图 3-75 所示。

(6) 如果在第 1 个参数对话框中输入最低分 80，单击"确定"按钮，在弹出的第 2 个参数对话框中输入最高分 90，则该查询的运行结果如图 3-76 所示。

图 3-75　"输入参数值"对话框　　　　　　　图 3-76　多参数查询的运行结果

(7) 关闭查询结果的窗口，选择保存该查询，出现"另存为"对话框，将此查询名称设为 qT2，单击"确定"按钮。

3．创建查询对象 qT3。

(1) 单击"创建"选项卡的"查询"组中的"查询设计"按钮，弹出"显示表"窗口。

(2) 选择 tStud 表，单击"添加"按钮；再单击"关闭"按钮，出现查询"设计视图"。

(3) 双击数据环境 tStud 表中所有字段"*"，再次双击 tStud 表中的字段"性别"。

(4) 在查询"设计视图"下半部分的"设计网格"中，修改第 2 列字段"性别"，在其"条件"行中输入：[Forms]![fSex]![tSex]，并取消"显示"行的勾选。设计界面如图 3-77 所示。

图 3-77　参数为窗体对象上的值

(5) 在"所有 Access 对象"导航窗格中，打开窗体对象 fSex，在其"性别"的组合框中暂且输入"男"，此时不要关闭窗体。

(6) 单击"查询工具-设计"选项卡的"结果"组中的"运行"按钮，则弹出该查询的运行结果，如图 3-78 所示。

图 3-78　参数查询运行的结果

(7)关闭查询结果的窗口,选择保存该查询,出现"另存为"对话框,将此查询名称设为 qT3,单击"确定"按钮。

实验 3.6　创建子查询

【实验目的】
- 了解子查询的概念
- 掌握使用 SELECT 语句作为查询条件的子查询创建方法
- 掌握使用 D 函数作为查询条件的子查询创建方法

【实验内容】

在数据库 samp6.accdb 中,已经设计好关联表对象 tStud、tCourse、tScore 和 tTeacher。试按以下要求完成设计。

1.创建一个查询,查找平均成绩低于所有学生平均成绩的学生信息,并显示"学号""平均成绩"和"相差分数"3 列内容,其中"平均成绩"和"相差分数"两列数据由计算得到。所建查询命名为 qT1。

2.创建一个查询,计算组织能力强的学生的平均分及其与所有学生平均分的差,并显示"姓名""平均分"和"平均分差值"等内容。所建查询命名为 qT2。

 "平均分"和"平均分差值"由计算得到。

要求:"平均分差值"以整数形式显示(使用函数实现)。

3.创建一个查询,查找年龄低于在职教师平均年龄的在职教师,并显示"姓名""职称"和"系别"3 个字段内容。所建查询命名为 qT3。

 要求用 D 函数实现子查询。

4.基于 tStud 表创建一个查询,查找与王国强同系的学生,要求输出字段为"学号""姓名""性别"。所建查询命名为 qT4。

 要求用 D 函数实现子查询。

【操作步骤】

1.创建查询对象 qT1。

(1)单击"创建"选项卡的"查询"组中的"查询设计"按钮,弹出"显示表"窗口。

(2)选择 tScore 表,单击"添加"按钮;再单击"关闭"按钮,出现查询"设计视图"。

(3)双击数据环境 tScore 表中的字段"学号"和"成绩"。

(4)单击"查询工具-设计"选项卡的"显示/隐藏"组中的"汇总"按钮。

（5）在查询"设计视图"下半部分的"设计网格"中，选择第 2 列"成绩"，在其"字段"行中输入"平均成绩:成绩"，"总计"行中选择"平均值"，"条件"行中输入：<(select avg(成绩) from tScore)；在第 3 列的"字段"行中输入"相差分数: [平均成绩]-(select avg(成绩) from tScore)"，"总计"中选择"Expression"，设计界面如图 3-79 所示。

图 3-79 用 SELECT 语句实现子查询的"设计视图"

（6）单击"查询工具-设计"选项卡的"结果"组中的"运行"按钮，则弹出该查询的运行结果，如图 3-80 所示。

图 3-80 子查询的运行结果

（7）关闭查询结果的窗口，选择保存该查询，出现"另存为"对话框，将此查询名称设为 qT1，单击"确定"按钮。

2．创建查询对象 qT2。

（1）单击"创建"选项卡的"查询"组中的"查询设计"按钮，弹出"显示表"窗口。

（2）选择 tStud 表，单击"添加"按钮；选择 tScore 表，单击"添加"按钮；再单击"关闭"按钮，出现查询"设计视图"。

（3）双击数据环境 tStud 表中的字段"姓名"和"简历"，双击 tScore 表中的字段"成绩"。

（4）单击"查询工具-设计"选项卡的"显示/隐藏"组中的"汇总"按钮。

（5）在查询"设计视图"下半部分的"设计网格"中，设置第一个字段"姓名"，"总计"行选择"Group By"；设置第二个字段"简历"，"总计"行中选择"Where"，在其"条件"中输入：Like "*组织能力强*"，并取消"显示"行的勾选；第三个字段"成绩"的"字段"行修改为：平均分:成绩，在其"总计"行中选择"平均值"；第四个字段中输入：平均分差值：Round([平均分]-(select Avg([成绩]) from tScore),0)，并在其"总计"行中选择"Expression"，设计界面如图 3-81 所示。

（6）单击"查询工具-设计"选项卡的"结果"组中的"运行"按钮，则弹出该查询的运行结果，如图 3-82 所示。

（7）关闭查询结果的窗口，选择保存该查询，出现"另存为"对话框，将此查询名称设为 qT2，单击"确定"按钮。

3．创建查询对象 qT3。

（1）单击"创建"选项卡的"查询"组中的"查询设计"按钮，弹出"显示表"窗口。

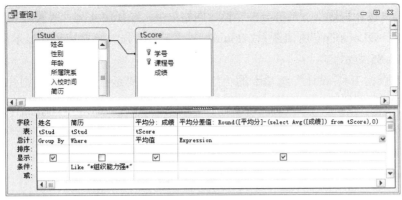

图 3-81　用 SELECT 语句实现子查询的"设计视图"

(2) 选择 tTeacher 表，单击"添加"按钮；再单击"关闭"按钮，出现查询"设计视图"。

(3) 双击数据环境 tTeacher 表中的字段"姓名""职称""系别""年龄"和"在职否"。

图 3-82　子查询的运行结果

(4) 在查询"设计视图"下半部分的"设计网格"中，选择第 4 列"年龄"，在其"条件"行中输入：<DAvg("年龄","tTeacher","在职否=True")，并取消"显示"行的勾选；选择第 5 列"在职否"，在其"条件"行中输入：True，并取消"显示"行的勾选，设计界面如图 3-83 所示。

(5) 单击"查询工具-设计"选项卡的"结果"组中的"运行"按钮![run]，则弹出该查询的运行结果，如图 3-84 所示。

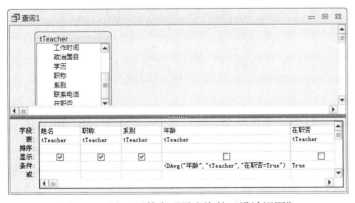

图 3-83　用 D 函数实现子查询的"设计视图"

图 3-84　子查询的运行结果

(6) 关闭查询结果的窗口，选择保存该查询，出现"另存为"对话框，将此查询名称设为 qT3，单击"确定"按钮。

4．创建查询对象 qT4。

(1) 单击"创建"选项卡的"查询"组中的"查询设计"按钮![design]，弹出"显示表"窗口。

(2) 选择 tStud 表，单击"添加"按钮；再单击"关闭"按钮，出现查询"设计视图"。

(3) 双击数据环境 tStud 表中的字段"学号""姓名""性别"和"所属院系"。

（4）在查询"设计视图"下半部分的"设计网格"中，选择第 4 列"所属院系"，在其"条件"行中输入：=DLookUp("所属院系","tStud","姓名='王国强'")，并取消"显示"行的勾选，设计界面如图 3-85 所示。

（5）单击"查询工具-设计"选项卡的"结果"组中的"运行"按钮 !，则弹出该查询的运行结果，如图 3-86 所示。

图 3-85　用 D 函数实现子查询的"设计视图"

图 3-86　子查询的运行结果

（6）关闭查询结果的窗口，选择保存该查询，出现"另存为"对话框，将此查询名称设为 qT4，单击"确定"按钮。

实验 3.7　创建操作查询

【实验目的】
- 掌握生成表查询的创建方法
- 掌握追加表查询的创建方法
- 掌握更新表查询的创建方法
- 掌握删除表查询的创建方法

【实验内容】

在数据库 samp7.accdb 中，已经设计好关联表对象 Teacher、Salary、tStudent、Student、Course、Score、tEmp 和一张空表 tSinfo。试按以下要求完成设计。

1．创建一个查询，将成绩表 Score 中的"高等数学"课程的成绩保存到一个新表中，新表名为 tTemp。将所建查询命名为 qT1。

2．创建一个查询，将成绩排在前 10 名学生的"班级编号""姓名""课程名"和"成绩"等内容填入到空表 tSinfo 相应字段中，其中"班级编号"值是 Student 表中"学号"字段的前 6 位。将所建查询命名为 qT2。

3．创建一个查询，将 Score 成绩表中所有不及格的学生的成绩提高 5 分。将所建查询命名为 qT3。

4．创建一个查询，计算工资表（Salary）中所有教师的"所得税""会费"和"实发工资"。所得税为所有收入之和超出 5000 元部分的按 5%征收，否则不征收。会费按所有收入之和的 1%收取。实发工资为所有收入减去所有支出。将所建查询命名为 qT4。

5．创建一个查询，完成对表 tEmp 的编辑修改操作，按所属部门修改工号，修改规则为：部门为 01 的"工号"首字符为 1，部门为 02 的"工号"首字符为 2，依次类推。将所建查询命名为 qT5。

6．创建一个查询，删除 tStudent 表中"陈建平"的记录。将所建查询命名为"qT6"。

【操作步骤】

1．创建查询对象 qT1。

(1)单击"创建"选项卡的"查询"组中的"查询设计"按钮，弹出"显示表"窗口。

(2)选择 Course 表，单击"添加"按钮；选择 Score 表，单击"添加"按钮；再单击"关闭"按钮，出现查询"设计视图"。

(3)双击数据环境 Score 表中的所有字段"*"，双击 Course 表中的字段"课程名"。

(4)在查询"设计视图"下半部分的"设计网格"中，选择第 2 列"课程名"，在其"条件"行中输入：="高等数学"，并取消"显示"行的勾选，设计界面如图 3-87 所示。

(5)单击"查询工具-设计"选项卡的"查询类型"组中的"生成表"按钮，则弹出"生成表"对话框，如图 3-88 所示。

图 3-87　查询"设计视图"　　　　　　　　图 3-88　"生成表"对话框

(6)在"生成表"对话框的"表名称"文本框内输入生成的新表名 tTemp，单击"确定"按钮。

(7)单击"查询工具-设计"选项卡的"结果"组中的"运行"按钮，则弹出如图 3-89 所示的提示框。

(8)单击"是"按钮，则生成新表 tTemp。关闭查询"设计视图"的窗口，选择保存该查询，出现"另存为"对话框，将此查询名称设为 qT1。

2．创建查询对象 qT2。

(1)单击"创建"选项卡的"查询"组中的"查询设计"按钮，弹出"显示表"窗口。

(2)选择 Student 表，单击"添加"按钮；选择 Score 表，单击"添加"按钮；选择 Course 表，单击"添加"按钮；再单击"关闭"按钮，出现查询"设计视图"。

(3)双击数据环境 Student 表中的字段"学号"和"姓名"，双击 Course 表中的字段"课程名"，双击 Score 表中的字段"成绩"。

(4)在查询"设计视图"下半部分的"设计网格"中，选择第 1 列"学号"，将其"字段"

行修改为: 班级编号: Left([Student]![学号],6); 选择第 4 列"成绩", 将"排序"行选择为"降序", 设计界面如图 3-90 所示。

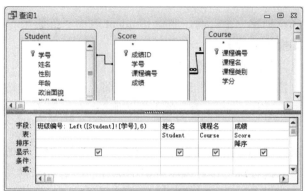

图 3-89　创建新表提示框

图 3-90　查询"设计视图"

(5) 单击"查询工具-设计"选项卡的"查询设置"组中的"返回"组合框, 将其组合框的值改为 10, 如图 3-91 所示。

(6) 单击"查询工具-设计"选项卡的"查询类型"组中的"追加"按钮, 则弹出"追加"对话框, 如图 3-92 所示。

图 3-91　设置查询返回的记录个数

图 3-92　"追加"对话框

(7) 在"表名称"的下拉列表框中, 选择当前数据库中的表 tSinfo, 单击"确定"按钮。查询"设计视图"下半部分的"设计网格"中增加了一行"追加到:", 如图 3-93 所示。

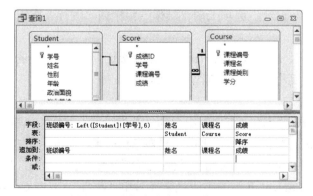

图 3-93　追加表查询"设计视图"

(8) 单击"查询工具-设计"选项卡的"结果"组中的"运行"按钮, 则弹出如图 3-94

所示的提示框。

(9)单击"是"按钮，则把 10 条记录追加到"tSinfo"中，关闭查询"设计视图"的窗口，选择保存该查询，出现"另存为"对话框，将此查询名称设为 qT2。

3．创建查询对象 qT3。

(1)单击"创建"选项卡的"查询"组中的"查询设计"按钮📑，弹出"显示表"窗口。

(2)选择 Score 表，单击"添加"按钮；再单击"关闭"按钮，出现查询"设计视图"。

(3)双击数据环境 Score 表中的字段"成绩"。

(4)单击"查询工具-设计"选项卡的"查询类型"组中的"更新"按钮📝，则在查询"设计视图"下半部分的"设计网格"中增加了一行"更新到："，变成"更新表查询设计视图"。

(5)在查询"设计视图"下半部分的"设计网格"中，将"成绩"列的"更新到："行设置为：[成绩]+5，再将"成绩"列的"条件"行设置为：<60，如图 3-95 所示。

图 3-94　追加表提示框　　　　　　　图 3-95　单字段更新查询"设计视图"

(6)单击"查询工具-设计"选项卡的"结果"组中的"运行"按钮❗，则弹出如图 3-96 所示的提示框。

(7)单击"是"按钮，则把所有不及格学生的成绩每人增加了 5 分。关闭查询"设计视图"的窗口，选择保存该查询，出现"另存为"对话框，将此查询名称设为 qT3。

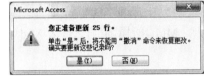

图 3-96　更新记录对话框

4．创建查询对象 qT4。

(1)单击"创建"选项卡的"查询"组中的"查询设计"按钮📑，弹出"显示表"窗口。

(2)选择 Salary 表，单击"添加"按钮；再单击"关闭"按钮，出现查询"设计视图"。

(3)双击数据环境 Salary 表中的字段"所得税""会费"和"实发工资"。

(4)单击"查询工具-设计"选项卡的"查询类型"组中的"更新"按钮📝，则在查询"设计视图"下半部分的"设计网格"中增加了一行"更新到："，查询"设计视图"变成"更新表查询设计视图"。

(5)在查询"设计视图"下半部分的"设计网格"中，将"所得税"列的"更新到："行设置为：IIf([基本工资]+[岗位津贴]+[奖金]>5000,([基本工资]+[岗位津贴]+[奖金]-5000)*.05,0)；将"会费"列的"更新到："行设置为：([基本工资]+[岗位津贴]+[奖金])*.01；将"实发工资"列的"更新到："行设置为：[基本工资]+[岗位津贴]+[奖金]-[所得税]-[会费]，如图 3-97 所示。

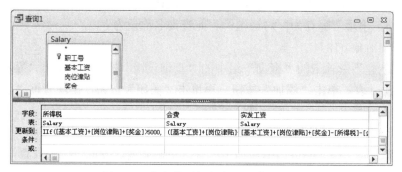

图 3-97　多字段更新查询"设计视图"

(6) 单击"查询工具-设计"选项卡的"结果"组中的"运行"按钮，则弹出如图 3-98 所示的提示框。

(7) 单击"是"按钮，则按题目要求计算了每位职工的"所得税"、"会费"和"实发工资"。关闭查询"设计视图"的窗口，选择保存该查询，出现"另存为"对话框，将此查询名称设为 qT4。

5. 创建查询对象 qT5。

(1) 单击"创建"选项卡的"查询"组中的"查询设计"按钮，弹出"显示表"窗口。

(2) 选择 tEmp 表，单击"添加"按钮；再单击"关闭"按钮，出现查询"设计视图"。

(3) 双击数据环境 tEmp 表中的字段"工号"。

(4) 单击"查询工具-设计"选项卡的"查询类型"组中的"更新"按钮，则在查询"设计视图"下半部分的"设计网格"中增加了一行"更新到："，查询"设计视图"变成"更新表查询设计视图"。

(5) 在查询"设计视图"下半部分的"设计网格"中，将"工号"列的"更新到"行设置为：Mid([所属部门],2,1) & Mid([工号],2)，如图 3-99 所示。

图 3-98　更新记录提示框　　　　　　图 3-99　更新查询"设计视图"

(6) 单击"查询工具-设计"选项卡的"结果"组中的"运行"按钮，则弹出如图 3-100 所示的提示框。

(7) 单击"是"按钮，则按题目要求更新了每位职工的"工号"。关闭查询"设计视图"

的窗口，选择保存该查询，出现"另存为"对话框，将此查询名称设为 qT5。

6．创建查询对象 qT6。

(1)单击"创建"选项卡的"查询"组中的"查询设计"按钮 ，弹出"显示表"窗口。

(2)选择 tStudent 表，单击"添加"按钮；再单击"关闭"按钮，出现查询"设计视图"。

(3)双击数据环境 tStudent 表中的字段"姓名"。

(4)单击"查询工具-设计"选项卡的"查询类型"组中的"删除"按钮 ，在查询"设计视图"下半部分的"设计网格"中增加了一行"删除："，则查询"设计视图"变成"删除表查询设计视图"。

(5)在查询"设计视图"下半部分的"设计网格"中，将"姓名"列的"条件"行设置为："陈建平"，如图 3-101 所示。

图 3-100 更新记录提示框

图 3-101 设置查询条件

(6)单击"查询工具-设计"选项卡的"结果"组中的"运行"按钮 ，则弹出如图 3-102 所示的提示框。

(7)单击"是"按钮，则从 tStudent 表中删除了"陈建平"的记录，删除了的记录是不能恢复的，因此删除记录必须慎重。关闭查询"设计视图"的窗口，选择保存该查询，出现"另存为"对话框，将此查询名称设为 qT6。

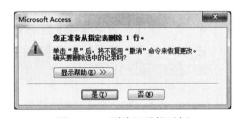

图 3-102 删除记录提示框

实验 3.8 创建 SQL 查询

【实验目的】

- 掌握查询语句输入窗口的打开方法
- 掌握使用 SQL 语言完成对数据的单表查询
- 掌握使用 SQL 语言完成对数据的多表查询
- 掌握使用 SQL 语句建立表结构
- 掌握使用 SQL 语句修改表结构
- 掌握使用 SQL 语句删除表

- 掌握使用 SQL 语句对现有表添加数据
- 掌握使用 SQL 语句对现有表修改数据
- 掌握使用 SQL 语句对现有表删除数据
- 掌握使用 SQL 语句创建联合查询

【实验内容】

在数据库 samp8.accdb 中，已经设计好关联表对象"院系""教师""工资""民族""学生""课程""授课""成绩"和"不及格学生成绩"。试用 SQL 语句完成相关的查询设计。

【操作步骤】

1. 在"学生"表中查询学生的学号、姓名、性别信息。

在 SQL 视图下使用如下语句：

```
SELECT 学号,姓名,性别
FROM 学生
```

2. 在"学生"表中查询女学生的学号、姓名、性别和年龄信息。

在 SQL 视图下使用如下语句：

```
SELECT 学号,姓名,性别,YEAR(DATE())-YEAR([出生日期]) AS 年龄
FROM 学生
WHERE 性别="女"
```

3. 在"学生"表中查询女学生的学号、姓名、性别和年龄信息，按年龄降序排列。

在 SQL 视图下使用如下语句：

```
SELECT 学号,姓名,性别,YEAR(DATE())-YEAR([出生日期]) AS 年龄
FROM 学生
WHERE 性别="女"
ORDER BY YEAR(DATE())-YEAR([出生日期]) DESC
```

4. 在"学生"表中查找非江苏籍的党员学生信息。

在 SQL 视图下使用如下语句：

```
SELECT 学生.*
FROM 学生
WHERE 政治面貌="党员" AND 籍贯 Not Like "江苏*"
```

5. 基于"院系"表、"教师"表、"课程"表和"授课"表，查询职称为讲师的男教师授课情况。输出字段包括：院系名称、职工号、姓名、性别、职称、授课课号、课程名称。

在 SQL 视图下使用如下语句：

```
SELECT 院系.院系名称, 教师.职工号, 教师.姓名, 教师.性别, 教师.职称, 授课.授课课号, 课程.课程名称
FROM 课程 INNER JOIN ((院系 INNER JOIN 教师 ON 院系.院系代码 = 教师.院系代码) INNER JOIN 授课 ON 教师.职工号 = 授课.职工号) ON 课程.课程代码 = 授课.授课课号
WHERE 教师.性别="男" AND 教师.职称="讲师"
```

6. 根据"学生"表、"成绩"表和"民族"表，查询汉族每个学生的学号姓名总分平均分和选课门数，并按学号升序排列。

在 SQL 视图下使用如下语句：

```
SELECT 学生.学号, 学生.姓名, Sum(成绩.成绩) AS 总分, Avg(成绩.成绩) AS 平均分, Count(成绩.学号) AS 选课门数
FROM (民族 INNER JOIN 学生 ON 民族.民族代码 = 学生.民族代码) INNER JOIN 成绩 ON 学生.
```

学号 = 成绩.学号 WHERE 民族.民族名称 = "汉族"
　　GROUP BY 学生.学号, 学生.姓名
　　ORDER BY 学生.学号

7. 基于"学生"表、"课程"表和"成绩"表查询所有学生的成绩，要求输出学号、姓名、课程名称和成绩。

在 SQL 视图下使用如下语句：

SELECT 学生.学号, 学生.姓名, 课程.课程名称, 成绩.成绩
　　FROM 课程 INNER JOIN (学生 INNER JOIN 成绩 ON 学生.学号 = 成绩.学号) ON 课程.课程代码 = 成绩.课程号

8. 基于"学生"表、"课程"表和"成绩"表查询课程代码为 0701001 的学生成绩，要求输出：学号、姓名、课程名称和成绩。

在 SQL 视图下使用如下语句：

SELECT 学生.学号, 学生.姓名, 课程.课程名称, 成绩.成绩
　　FROM 课程 INNER JOIN (学生 INNER JOIN 成绩 ON 学生.学号 = 成绩.学号) ON 课程.课程代码 = 成绩.课程号
　　WHERE 课程.课程代码="0701001"

9. 基于"课程"表和"成绩"表查询各门课程的成绩，要求输出：课程代码、课程名称、选课人数、平均分、最高分和最低分，按平均分降序排列。其中平均分要求用函数保留 2 位小数。

在 SQL 视图下使用如下语句：

SELECT 课程.课程代码, 课程.课程名称, Count(成绩.学号) AS 选课人数, Round(Avg(成绩.成绩),2) AS 平均分, Max(成绩.成绩) AS 最高分, Min(成绩.成绩) AS 最低分
　　FROM 课程 INNER JOIN 成绩 ON 课程.课程代码 = 成绩.课程号
　　GROUP BY 课程.课程名称, 课程.课程代码
　　ORDER BY Round(Avg(成绩.成绩),2) DESC

10. 基于"课程"表和"成绩"表查询平均分为 80 分以上的课程的课程代码、课程名称、选课人数、平均分、最高分和最低分，并按平均分降序排序。

在 SQL 视图下使用如下语句：

SELECT 课程.课程代码, 课程名称, Count(成绩.学号) AS 选课人数, Avg(成绩.成绩) AS 平均分, Max(成绩.成绩) AS 最高分, Min(成绩.成绩) AS 最低分
　　FROM 课程 INNER JOIN 成绩 ON 课程.课程代码 = 成绩.课程号
　　GROUP BY 课程.课程代码, 课程.课程名称
　　HAVING Avg(成绩.成绩)>80
　　ORDER BY Avg(成绩.成绩) DESC

11. 基于"课程"表查询所有学分超过 4 或学分少于 2(不包括 4 和 2)的课程。要求输出字段为：课程代码、课程名称、学分、学时、必修课，查询结果按学时降序输出。

在 SQL 视图下使用如下语句：

SELECT 课程代码, 课程名称, 学分, 学时, 必修课
　　FROM 课程
　　WHERE 课程.学分 Not Between 2 And 4
　　ORDER BY 课程.学时 DESC

12. 查询同一门课程有两位以上授课教师的授课课号和课程名称。

在 SQL 视图下使用如下语句：

```
SELECT 授课.授课课号, 课程.课程名称
FROM 授课 INNER JOIN 课程 ON 授课.授课课号 = 课程.课程代码
GROUP BY 授课.授课课号, 课程.课程名称
HAVING Count(授课.职工号)>2
```

13. 查找考试总成绩排在前 3 名的学生，要求输出字段包括学号、姓名和总分。

在 SQL 视图下使用如下语句：

```
SELECT TOP 3 学生.学号, 学生.姓名, Sum(成绩.成绩) AS 总分
FROM 学生 INNER JOIN 成绩 ON 学生.学号 = 成绩.学号
GROUP BY 学生.学号, 学生.姓名
ORDER BY Sum(成绩.成绩) DESC
```

14. 显示"学生"表中前 1/10 的学生的所有信息。

在 SQL 视图下使用如下语句：

```
SELECT TOP 10 PERCENT 学生.*
FROM 学生
```

15. 查询"学生"表中学生来源于哪些不同的民族。

在 SQL 视图下使用如下语句：

```
SELECT DISTINCT 学生.民族代码, 民族.民族名称
FROM 学生 INNER JOIN 民族 ON 学生.民族代码 = 民族.民族代码
```

16. 基于"课程"表和"成绩"表查找哪些课程没有人选修。

在 SQL 视图下使用如下语句：

```
SELECT 课程.课程名称
FROM 课程 LEFT JOIN 成绩 ON 课程.课程代码 = 成绩.课程号
WHERE 成绩.成绩 Is Null
```

17. 基于"学生"表和"成绩"表查询所有学生的成绩，要求输出学号、姓名、课程号和成绩。没有成绩的学生记录仍要输出(提示：联接类型采用左联接)。

在 SQL 视图下使用如下语句：

```
SELECT 学生.学号, 学生.姓名, 成绩.课程号, 成绩.成绩
FROM 学生 LEFT JOIN 成绩 ON 学生.学号 = 成绩.学号
```

18. 基于"学生"表和"成绩"表查询没有成绩的学生记录，要求输出学号、姓名。

在 SQL 视图下使用如下语句：

```
SELECT 学生.学号, 学生.姓名
FROM 学生 LEFT JOIN 成绩 ON 学生.学号 = 成绩.学号
WHERE 成绩.成绩 Is Null
```

19. 查找与"葛恩"同乡的所有学生信息。

在 SQL 视图下使用如下语句：

```
SELECT 学生.*
FROM 学生
WHERE 籍贯=(SELECT 籍贯 FROM 学生 WHERE 姓名="葛恩")
```

20. 创建一张 AA 表，表结构为学号(字符型，大小为 10)、姓名(字符型，大小为 8)、性别(是否型)、出生日期(日期时间型)、照片(OLE 对象)和简历(备注型)，其中学号为主键，姓名不能为空。

在 SQL 视图下使用如下语句：

```
CREATE TABLE AA(学号 CHAR(10) PRIMARY KEY,姓名 CHAR(8) NOT NULL,性别 LOGICAL,出
生日期 DATETIME,照片 IMAGE,简历 MEMO)
```

21. 创建一张 BB 表，表结构为学号(字符型,大小为 10)、课程代码(字符型, 大小为 6)、课程名称(字符型, 大小为 20)、成绩(长整型)，其中以学号和课程代码作为主键，成绩不能为空。

在 SQL 视图下使用如下语句：

```
CREATE TABLE BB(学号 CHAR(10),课程代码 CHAR(6),课程名称 CHAR(20),成绩 INTEGER NOT
NULL, PRIMARY KEY (学号,课程代码))
```

22. 创建一张 CC 表,表结构为 xh(字符型,大小为 10)、kcdm(字符型, 大小为 6)、kcmc(字符型, 大小为 20)、xf(长整型)、bxk(是否型)。

在 SQL 视图下使用如下语句：

```
CREATE TABLE CC(XH CHAR(10),KCDM CHAR(6),KCMC CHAR(20),XF INTEGER,BXK LOGICAL)
```

23. 在 AA 表中增加一个字段，字段名为 "院系代码"，类型为字符型，大小为 6。

在 SQL 视图下使用如下语句：

```
ALTER TABLE AA ADD 院系代码 CHAR(6)
```

24. 修改 AA 表中的性别字段，把该字段的数据类型改为字符型，大小为 2。

在 SQL 视图下使用如下语句：

```
ALTER TABLE AA ALTER 性别 CHAR(2)
```

25. 在 AA 表中增加一个唯一索引，索引字段为姓名和出生日期，索引名为 xmcs。

在 SQL 视图下使用如下语句：

```
CREATE UNIQUE INDEX XMCS ON AA (姓名,出生日期)
```

26. 删除 BB 表中的课程名称字段。

在 SQL 视图下使用如下语句：

```
ALTER TABLE BB DROP 课程名称
```

27. 删除 CC 表。

在 SQL 视图下使用如下语句：

```
DROP TABLE CC
```

28. 向 AA 表表中添加一条记录，并分别设置字段的值学号：102010302，姓名：张扬，性别：男，出生日期：2006-12-23。

在 SQL 视图下使用如下语句：

```
INSERT INTO AA(学号,姓名,性别,出生日期) VALUES ("102010302","张扬","男
",#2006-12-23#)
```

29. 基于 "课程" 表和 "成绩" 表查询每门课程的最高分和平均分。要求输出字段为：课程名称、最高分、平均分，并把查询结果保存到名为 maxcj 的表中。

在 SQL 视图下使用如下语句：

```
SELECT 课程.课程名称, MAX(成绩.成绩) AS 最高分, AVG(成绩.成绩) AS 平均分 INTO maxcj
FROM 课程 INNER JOIN 成绩 ON 课程.课程代码 = 成绩.课程号
GROUP BY 课程.课程名称
```

30. 基于 "工资" 表，把基本工资在 3000 元以下的记录的基本工资增加 100 元。

在 SQL 视图下使用如下语句：

```
UPDATE 工资 SET 工资.基本工资 = [基本工资]+100
WHERE 基本工资<3000
```

31. 计算 "工资" 表的所得税，基本工资大于 3000 元以上的将扣所得税，税额是基本工

资扣除 3000 元以后的 5%。

在 SQL 视图下使用如下语句：

```
UPDATE 工资 SET 所得税 = ([基本工资]-3000)*0.05
WHERE 基本工资>3000
```

32．基于"学生"表和"成绩"表，把学生成绩汇总后(学号、姓名、总分)并按总分降序排序存放到 temp 表中。

在 SQL 视图下使用如下语句：

```
SELECT 学生.学号, 学生.姓名, SUM(成绩.成绩) AS 总分 INTO temp
FROM 学生 INNER JOIN 成绩 ON 学生.学号 = 成绩.学号
GROUP BY 学生.学号, 学生.姓名
ORDER BY SUM(成绩.成绩) DESC
```

33．从"成绩"表中查询不及格的学生信息，将查询结果追加"不及格学生成绩"表中。

在 SQL 视图下使用如下语句：

```
INSERT INTO 不及格学生成绩 (学号, 课程号, 成绩)
SELECT 成绩.学号, 成绩.课程号, 成绩.成绩
FROM 成绩
WHERE 成绩<60
```

34．删除"教师"表中的工龄超过 60 的记录。

在 SQL 视图下使用如下语句：

```
DELETE FROM 教师 WHERE YEAR(DATE())-YEAR([参加工作日期])>60
```

35．基于"学生"表和"教师"表查询全校师生名单。要求如果是教师必须注明"教师"，如果是学生必须注明"学生"，结果中包含 4 列：院系代码、类别、姓名和性别，先按院系代码升序排序，院系相同的再按类别升序排序(注：使用联合查询实现)。

在 SQL 视图下使用如下语句：

```
SELECT 教师.院系代码, "教师" AS 类别, 教师.姓名, 教师.性别
FROM 教师
UNION
SELECT 学生.院系代码, "学生" AS 类别, 学生.姓名, 学生.性别
FROM 学生
ORDER BY 1,2
```

练 习 题

1．在数据库文件 samp9.accdb 中，里面已经设计好表对象 tStud 和 tTemp。tStud 表是学校历年来招收的学生名单，每名学生均有身份证号。对于现在正在读书的"在校学生"，均有家长身份证号，对于已经毕业的学生，家长身份证号为空。

例如，表中学生"张春节"没有家长身份证号，表示张春节已经从本校毕业，是"校友"。

表中学生"李强"的家长身份证号为 1101071962010112370，表示李强为在校学生。由于在 tStud 表中身份证号 1101071962010112370 对应的学生姓名是"李永飞"，表示李强的家长李永飞是本校校友。

"张天"的家长身份证号为 110108196510015760，表示张天是在校学生。由于在 tStud 表

中身份证号 110108196510015760 没有对应的记录，表示张天的家长不是本校的校友。

试按以下要求完成设计：

(1)创建一个查询，要求显示在校学生的"身份证号"和"姓名"两列内容，所建查询命名为 qT1。

(2)创建一个查询，要求按照身份证号找出所有学生家长是本校校友的学生记录。输出身份证号、姓名和家长姓名 3 列内容，标题显示为"身份证号""姓名"和"家长姓名"，所建查询命名为 qT2。

(3)创建一个查询，统计数学成绩为 100 分的学生人数，标题为 num，所建查询命名为 qT3。要求：使用"身份证号"字段进行计数统计。

(4)创建一个查询，将 tStud 表中总分成绩超过 270 分(含 270)的学生信息追加到空表 tTemp 中。其中，tTemp 表的入学成绩为学生总分，所建查询命名为 qT4。

2. 在数据库文件 samp10.accdb 中，里面已经设计好两个表对象 tStud 和 tScore。试按以下要求完成设计：

(1)创建一个查询，计算并输出学生最大年龄与最小年龄的差值，显示标题为 s_data，所建查询命名为 qT1。

(2)创建一个查询，查找与所有学生平均年龄相差 1 岁以内(含 1 岁)的学生信息，并显示"姓名"、"性别"和"入校日期"3 个字段内容，所建查询命名为 qT2。

要求：对平均年龄取整，并且使用 Round 函数取平均年龄的整数值。

(3)创建一个查询，按输入的出生地查找具有指定地名的学生信息，并显示"姓名""性别""年龄"和"计算机"4 个字段内容。当运行该查询时，应显示提示信息"请输入出生地"。所建查询命名为 qT3。

说明　出生地信息从"简历"字段获取。

(4)创建一个查询，将 tStud 表中年龄最大的两名女生团员学生的信息保存到新建表中，新建表名为 tTemp 表，表中字段为"学号""姓名""性别"和"年龄"，所建查询命名为 qT4。

要求：创建查询后，运行查询并查看结果。

3. 在数据库文件 samp11.accdb 中，里面已经设计好 3 个关联表对象 tStud、tCourse、tScore 和一个临时表对象 tTemp。试按以下要求完成设计：

(1)创建一个查询，按所属院系统计学生的平均年龄，字段显示标题为"院系"和"平均年龄"，所建查询命名为 qT1。

要求：平均年龄四舍五入取整。

(2)创建一个查询，查找上半年入学的学生信息，并显示"姓名""性别""课程名"和"成绩"等字段内容，所建查询命名为 qT2。

(3)创建一个查询，查找没有选课的同学，并显示其"学号"和"姓名"两个字段的内容，所建查询命名为 qT3。

(4)创建删除查询，将表对象 tTemp 中年龄值高于平均年龄(不含平均年龄)的学生记录删除，所建查询命名为 qT4。

4. 在数据库文件 samp12.accdb 中，里面已经设计好表对象 tStud、tCourse、tScore 和 tTemp。试按以下要求完成设计：

(1)创建一个查询，当运行该查询时，应显示参数提示信息"请输入爱好"，输入爱好后，在简历字段中查找具有指定爱好的学生，显示"姓名""性别""年龄""课程名"和"成绩"5 个字段内容，所建查询命名为 qT1。

(2)创建一个查询，查找平均成绩低于所有学生平均成绩的学生信息，并显示"学号"、"平均成绩"和"相差分数"3 列内容，其中"平均成绩"和"相差分数"两列数据由计算得到，所建查询命名为 qT2。

(3)创建一个查询，查找 04 院系没有任何选课信息的学生，并显示其"姓名"字段的内容，所建查询命名为 qT3。

(4)创建一个查询，将表 tStud 中组织能力强、年龄最小的 3 个女学生的信息追加到 tTemp 表对应的字段中，所建查询命名为 qT4。

5. 在数据库文件 samp13.accdb 中，里面已经设计好 3 个关联表对象 tCourse、Grade、tStudent 和一个空表 tTemp，试按以下要求完成设计：

(1)创建一个查询，查找并显示所选课程均不及格的学生信息，输出其"学号"字段内容，所建查询命名为 qT1。

(2)创建一个查询，统计没有选课的学生人数，输出标题为"未选课"，所建查询命名为 qT2。要求用"学号"字段进行计数计算。

(3)创建一个查询，统计每班每门课程的平均成绩。要求结果用 round 函数取整，显示结果如图 3-103 所示，所建查询命名为 qT3。

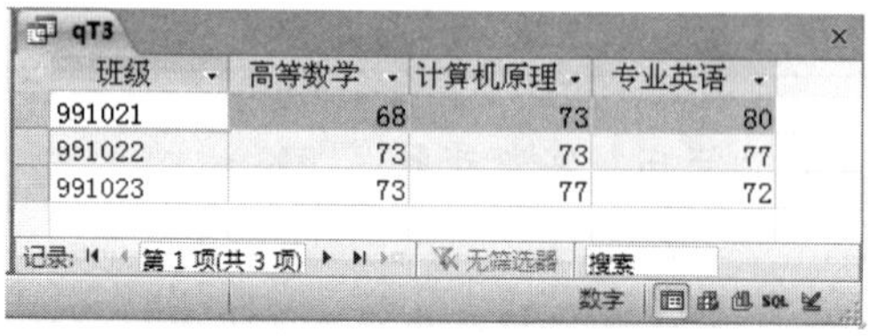

图 3-103　平均成绩结果

(4)创建一个查询，将下半年出生男学生的"班级""姓名""性别""课程名"和"成绩"等信息追加到 tTemp 表的对应字段中，所建查询命名为 qT4。

6. 在数据库文件 samp14.accdb 中，已经设计好一个表对象 tTeacher。试按以下要求完成设计：

(1)创建一个查询，计算并显示教师最大年龄与最小年龄的差值，显示标题为 m_age，所建查询命名为 qT1。

(2)创建一个查询，查找工龄不满 30 年、职称为副教授或教授的教师，并显示"编号""姓名""年龄""学历"和"职称"5 个字段内容，所建查询命名为 qT2。

要求：使用函数计算工龄。

(3)创建一个查询，查找年龄低于在职教师平均年龄的在职教师，并显示"姓名""职称"和"系列"3 个字段内容，所建查询命名为 qT3。

(4) 创建一个查询，计算每个系的人数和所占总人数的百分比，并显示"系别""人数"和"所占百分比 (%)"，所建查询命名为 qT4。

"人数" 和 "所占百分比" 为显示标题。

要求：按照编号来统计人数；计算出的所占百分比以两位整数显示 (使用函数实现)。

7. 在数据库文件 samp15.accdb 中，里面已经设计好表对象 tEmployee、tOrder、tDetail 和 tBook，试按以下要求完成设计：

(1) 创建一个查询，查找 7 月出生的雇员，并显示姓名、书籍名称、数量，所建查询命名为 qT1。

(2) 创建一个查询，计算每名雇员的奖金，并显示姓名和奖金额，所建查询命名为 qT2。

奖金额=每名雇员的销售金额合计数 × 0.08。

销售金额=数量*售出单价。

要求：使用相关函数实现奖金额按 2 位小数显示。

(3) 创建一个查询，统计并显示该公司没有销售业绩的雇员人数，显示标题为"没有销售业绩的雇员人数"，所建查询命名为 qT3。

要求：使用关联表的主键或外键进行相关统计操作。

(4) 创建一个查询，计算并显示每名雇员各月售书的总金额，显示时行标题为"月份"，列标题为"姓名"，所建查询命名为 qT4。

金额=数量*售出单价。

要求：使用相关函数，使计算出的总金额按整数显示。

实验 4　程序设计基础

实验 4.1　常量、变量、常用函数与表达式

【实验目的】
- 正确书写不同类型的常量
- 掌握变量的赋值及使用方法
- 熟练掌握常用函数的用法
- 根据要求正确书写表达式

【实验内容】

1. 常量的表示。

2. 变量的操作。

3. 常用函数的应用。

4. 表达式的构建。

注：本次实验的全部内容均要求在 VBE 的立即窗口中进行。

【操作步骤】

1. 常量。

(1) 数值型。

?100

?1.45e3

?1.45e-2

?3.2D3

(2) 字符型。

?"100"

?"a1b0c0"

?"abcd"

(3) 逻辑型。

?True

?False

(4) 日期型。

?#06/20/15#

?#2015/06/18#

?#06-20-15#

?#2015-06-18#

?#2015/06/18 10:32 #

?#2015/06/18 10:32 pm#

2. 变量。

nVar_x=234.5

cVar_y="abc123"

```
? "nVar_x=", nVar_x
? "cVar_y=", cVar_y
? "nVar_x=" & nVar_x
? "cVar_y=" & cVar_y
```

3. 函数。

(1)数学函数。

① abs 函数。

```
?abs(36.9)
?abs(-36.9)
```

② int 函数。

```
?int(36.9)
?int(-36.9)
?int(36.3)
?int(-36.3)
```

③ fix 函数。

```
?fix(36.9)
?fix(-36.9)
?fix(36.3)
?fix(-36.3)
```

④ sqr 函数。

```
?sqr(9)
?sqr(3)
?sqr(0)
?sqr(-9)                    '显示出错提示框
```

⑤ sin 函数、cos 函数和 tan 函数。

```
?sin(60/180*3.14)          '计算 60° 角的正弦值
?cos(90/180*3.14)          '计算 90° 角的余弦值
?tan(45/180*3.14)          '计算 45° 角的正切值
```

⑥ rnd 函数。

```
?rnd( )                    '产生 0~1 之间的随机数
?rnd
?rnd(5)
?rnd(0)                    '产生最近生成的随机数
?10*rnd( )                 '产生 0~10 之间的随机数
?int(100*rnd)             '产生[0,99]的随机整数
?int(101*rnd)             '产生[0,100]的随机整数
?int(100*rnd+1)          '产生[1,100]的随机整数
?int(100+200*rnd)       '产生[100,299]的随机整数
```

(2)字符串函数。

① instr 函数。

```
?instr ("access","e")
?instr ("access","E")
?instr (1,"accessAEBC","E",1)
?instr (1,"accessAEBC","E",0)
?instr ("access","s")
```

```
?instr ("office access","ac")
?InStr(3,"aSsiAB","a",1)    '返回 5(从字符 s 开始，检索出字符 A，不区分大小写)
```
② len 函数。
```
?len("南京财大")
?len("中文 Access")
?len("2500")
```
③ left 函数、right 函数和 mid 函数。
```
?left("祖国伟大",1)
?left("祖国伟大",2)
?left("hello",2)
?left("hello",4)
?right("祖国伟大",2)
?right("祖国伟大",3)
?right("hello",2)
?right("hello",4)
?mid("南京财经大学",2,2)
?mid("南京财经大学",3)
```
④ space 函数。
```
? "南京财大"+"Access"
? "南京财大"+space(6)+"Access"
? "南京财大"+space(0)+"Access"
?len(space(0))
?len(space(10))
```
⑤ Ucase 函数和 Lcase 函数。
```
?Ucase("AbcD")                          '返回 "ABCD"
?Lcase("AbcD")                          '返回 "abcd"
```
⑥ Ltrim 函数、RTrim 函数和 Trim 函数。
```
cstrspace=space(2)+"江苏省南京市"+space(3)      '每个汉字之间有一个空格
?cstrspace
?len(cstrspace)
?len(trim(cstrspace))
?len(rtrim(cstrspace))
?ltrim(cstrspace)
?len(ltrim(cstrspace))
```
(3) 日期时间函数。
① date 函数。
```
?date( )
```
② year 函数。
```
?year(date())
```
③ month 函数。
```
?month(date())
```
④ day 函数。
```
?day(date())
```
⑤ weekday 函数。
```
?weekday(date())
```

```
?Weekday(date(),vbMonday)
```
⑥ DateSerial 函数。
```
?DateSerial(1993,11,11)              '返回日期#1993-11-11#
?DateSerial(1990 -10, 8 - 2, 1 - 1)  '返回日期#1980-5-31#
?DateSerial(1990 ,13,35)             '返回日期#1991-2-4#
```
⑦ DatePart 函数。
```
?Datepart("yyyy",#2015-10-1#)        '返回 2015
?Datepart("y",#2015-10-1#)           '返回 274
?Datepart("q",#2015-10-1#)           '返回 4
?Datepart("m",#2015-10-1#)           '返回 10
?Datepart("d",#2015-10-1#)           '返回 1
?Datepart("w",#2015-10-1#)           '返回 5
?Datepart("ww",#2015-10-1#)          '返回 40
```
⑧ DateAdd 函数。
```
?dateadd("ww",3,#2015-10-1#)         '返回：2015/10/22
? dateadd("m",3,#2015-10-1#)         '返回：2016/1/1
```
⑨ DateDiff 函数。
```
? datediff("yyyy",#2010-10-1#,#2015-10-10#)    '返回：5
? datediff("m",#2015-4-1#,#2015-10-10#)        '返回：6
```
(4)时间函数。
① time 函数。
```
?time( )
```
② now 函数。
```
?now ( )
```
③ Hour 函数。
```
?Hour(time( ))
```
④ Minute 函数。
```
?Minute(time( ))
```
⑤ Second 函数。
```
?Second(time( ))
```
(5)数据类型转换函数。
① asc 函数。
```
?asc("a")
?asc("A")
?asc("Abc")
?asc("江苏省")
```
② chr 函数。
```
?chr(66)
?chr(98)
?chr(asc("a")+3)
```
③ str 函数。
```
?str(-80)
?str(56)
```
④ val 函数。

```
?Val("20")        '返回 20
?Val("3 45")      '返回 345
?Val("78af20")    '返回 78
```

（6）条件函数。

① iif 函数。

```
x=4
?iif(x>5,x-5,x+5)
x=6
?iif(x>5,x-5,x+5)
```

② Switch 函数。

```
Score＝85
?Switch(Score<60, "不及格", Score<85, "及格", Score<=100, "良好")
```

③ Choose 函数。

```
? Choose(weekday(date()),"星期日","星期一","星期二","星期三","星期四","星期五","星期六")
```

（7）其他类型常用函数。

① Inputbox 函数。

```
? inputbox("请输入考试分数","成绩录入框")
```

② MsgBox 函数。

```
? MsgBox("打开窗体成功!",VbInformation,"提示")
? MsgBox( "确认要删除数据吗? ",Vbyesno+vbQuestion,"确认")
? MsgBox ("选择无效,请重选! ", VbExclamation ,"警告")
```

4. 表达式。

（1）算术表达式。

```
r=5
?3.14*r^2
?2*3.14*r
X= -100.34
?int(sqr(abs(x)))*fix(x)
```

（2）字符表达式。

```
?"x="+str(x)
x=456
?"x="+str(x)
?"x="+ltrim(str(x))
?"123"+"12"
?"123"&"12"
?"123"+12
?"123"&12
```

（3）日期时间表达式。

```
?date()+100
?date()-100
?date()-#2000-1-1#
?time()
?now()
?now()+10
?now()-10
```

(4)关系表达式。

```
?5>3
?5<3
?5>=3
?5=3
?5<>3
?"a"="A"
?"大">"小"
?"A">"b"
?"Tom">"Jerry"
?date()>#2000-1-1#
```

(5)逻辑表达式。

闰年的判断标准是：年份能被 4 整除，但不能被 100 整除；或者能被 400 整除。

```
nyear=year(date())
? nyear mod 4=0  and  nyear mod 100 <> 0  or  nyear mod 400 = 0
```

实验 4.2　顺序结构与分支结构程序设计

【实验目的】

● 掌握创建、编辑、运行模块中的过程程序的方法

● 掌握顺序语句、分支语句的功能和使用方法

【实验内容】

1. 模块的创建、编辑、修改。

2. 顺序结构的程序设计。

3. 分支结构的程序设计。

注：本次实验的全部程序均要求在 VBE 的模块中创建，不能直接在立即窗口中输入。程序输入完成以后，请运行程序并查看程序运行结果。

【操作步骤】

1. 模块的创建、编辑、运行、修改

创建标准模块的方法如下：

(1)新建一个空白数据库，命名为 lab4.accdb。

(2)单击"创建"选项卡的"宏与代码"组中的"模块"按钮，自动进入 VBE 环境并创建一个新的模块对象。

(3)在"VBE"窗口中选择"插入"菜单中的"过程"命令，在弹出的对话框中输入过程名称和过程类型；然后单击"确定"按钮，将所需的过程或函数添加到模块。

(4)根据过程的功能，编写过程代码。

2. 顺序结构的程序设计

(1)编写子过程 sub1：要求当用户通过键盘输入自己生日的年月日后，计算其迄今为止出生的天数。

① 在 VBE 窗口中，选择"插入"菜单中的"过程"命令，在弹出的对话框中输入过程名称 sub1 和过程类型"子程序"；然后单击"确定"按钮，将所需的过程添加到模块。

② 在子程序过程编辑窗口中输入程序，代码如下所示：

```
Public Sub sub1()
    Dim nyear As Integer, nmonth As Integer, nday As Integer, n As Integer
    nyear = Val(InputBox("输入出生年份:"))        '直接输入 4 位年份，如 1993
    nmonth = Val(InputBox("输入出生月份:"))
    nday = Val(InputBox("输入出生日历:"))
    n = Date - DateSerial(nyear, nmonth, nday)
    Debug.Print n
End Sub
```

③ 单击工具栏的运行按钮，执行程序，若出现错误请查找错误原因。也可按照自己的想法完善程序的功能。

④ 单击保存按钮，将该模块保存为"实验 4-2"。

(2)在上面创建的模块中编写子过程 sub2：求边长为 n 的正方形的面积和周长。

参考程序如下：

```
Public Sub sub2()
    Dim n As Single, s As Single, c As Single
    n = Val(Inputbox("请输入边长 n:"))
    s = n ^ 2
    c = 4 * n
    Debug.Print "面积为: " & s & "; 周长为: " & c & "; "
End Sub
```

3. 分支结构的程序设计

(1)已知某公民的月收入，计算出该公民的纳税金额。纳税方式为：如果月收入超过了 800 元，超过部分应缴纳 20%的税金。通过键盘输入纳税金额，运行程序的结果是显示相应的税金。编写子程序 sub3 实现上述功能。

参考程序：

```
Public Sub sub3()
    ygz = Val(InputBox("请输入收入金额:"))
    If ygz > 800 Then
        tax = (ygz - 800) * 0.2
    Else
        tax = 0
    End If
    MsgBox "您本月扣除的所得税" + Str(tax), vbInformation, "本月个人所得税"
End Sub
```

(2)编写子程序 sub4：用户通过键盘输入变量 x 的值，返回下列函数 y 的值。

$$y = \begin{cases} -1 & x < 0 \\ 1 & x \geq 0 \end{cases}$$

参考程序：

```
Public Sub sub4()
    x = Val(InputBox("请输入 X 的值:"))
    If x < 0 Then
        y = -1
```

```
      Else
            y = 1
      End If
      MsgBox "y=" & Str(y)
End Sub
```

(3)编写子程序 sub5，求解一元二次方程 $ax^2+bx+c=0$ 的根。

参考程序：

```
Public Sub sub5()
    Dim a As Integer, b As Integer, c As Integer, x1 As Single, x2 As Single, _
delta As Single
    a = Val(InputBox("输入 a 的值:"))
    b = Val(InputBox("输入 b 的值:"))
    c = Val(InputBox("输入 c 的值:"))
    delta = b ^ 2 - 4 * a * c
    If delta > 0 Then
            x1 = (-b + Sqr(delta)) / (2 * a)
            x2 = (-b - Sqr(delta)) / (2 * a)
            Debug.Print x1, x2
    ElseIf delta = 0 Then
            x1 = -b / (2 * a)
            x2 = x1
            Debug.Print x1, x2
    Else
            Debug.Print "方程没有实根！"
    End If
End Sub
```

(4)将子程序 sub5 复制一份，过程名更改为 sub6，将程序修改如下：

```
Public Sub sub6()
    Dim a As Integer, b As Integer, c As Integer, x1 As Single, x2 As Single, _
delta As Single
    a = Val(InputBox("输入 a 的值:"))
    b = Val(InputBox("输入 b 的值:"))
    c = Val(InputBox("输入 c 的值:"))
    delta = b ^ 2 - 4 * a * c
    Select Case delta
        Case Is > 0
            x1 = (-b + Sqr(delta)) / (2 * a)
            x2 = (-b - Sqr(delta)) / (2 * a)
            Debug.Print x1, x2
        Case 0
            x1 = -b / (2 * a)
            x2 = x1
            Debug.Print x1, x2
        Case Else
            Debug.Print "方程没有实根！"
    End Select
End Sub
```

实验 4.3　循环结构程序设计

【实验目的】
- 掌握 3 种循环语句的功能和使用方法
- 理解并能正确使用 exit for 语句和 exit do 语句

【实验内容】

1. For…Next 语句。

2. Do…Loop 语句。

3. While…Wend 语句。

4. exit for 语句和 exit do 语句。

注：本次实验的全部实验过程均要求保存在实验 4.2 所创建的 lab4.accdb 数据库中，新建模块名命名为"实验 4.3"。本次实验的全部实验程序均要求在 VBE 的模块中创建，不能直接在立即窗口中输入。程序录入完成以后，请运行程序并查看程序运行结果。

【操作步骤】

1. For…Next 循环结构。

(1) 编写子程序过程 sub1：计算 s=1+2+3+…+100。

参考程序：

```
Public Sub sub1()
    s = 0
    For i = 1 To 100
        s = s + i
    Next i
    Debug.Print "100 以内的自然数和 S = ", s
End Sub
```

(2) 编写子过程 sub2，要求使用循环计算 100 以内非 3 倍数的奇数和，即：

$$S = 1 + 5 + 7 + 11+…… +97$$

参考程序：

```
Public Sub sub2()
    s = 0
    For i = 1 To 100 Step 2
        If i Mod 3 <> 0 Then
            s = s + i
        End If
    Next i
    Debug.Print s
End Sub
```

(3) 编写子程序过程 sub3：计算 s=1!+2!+…+10!。

参考程序：

```
Public Sub sub3()
    s = 0
    For i = 1 To 10
```

```
        p = 1
        For j = 1 To i
              p = p * j
        Next j
        s = s + p
    Next i
    Debug.Print  "10 以内的阶乘和为" & s
End Sub
```

将上述程序修改为单重循环，定义为 sub4 子程序过程。

(4)编写子程序过程 sub5：用 For 循环删除指定字符串中的所有空格字符，如给出字符串" ab cd ef g "，要得到"abcdefg"。

参考程序：

```
Public Sub sub5()
    cs = "  ab  cd ef g    "
    cresult = Space(0)                ' cresult 为字符串连接变量
    For i = 1 To Len(cs)
          ch = Mid(cs, i, 1)
          If ch <> " " Then cresult = cresult & ch
    Next i
    Debug.Print cs & "去除所有空格后的字符串内容为：" & cresult
End Sub
```

2. Do…Loop 循环结构

(1)编写子程序过程 sub6：找出 100~999 之间的所有水仙花数。水仙花数是指一个 3 位数，其各位数字立方和等于该数本身，例如：$153=1^3+5^3+3^3$。

参考程序：

```
Public Sub sub6()
    i=100
    Do while  i<=999
        a=int(i/100)
        b=int(i/10)  mod  10
        c=i  mod  10
        if  a^3+b^3+c^3=i  then
        debug.print  i
        endif
        i=i+1
     Loop
End Sub
```

将上述程序修改为用 For 循环语句实现，定义为 sub7 子程序过程。

(2)编写子程序过程 sub8：用 Do…Loop 循环求解指定字符串的反序串，如给出字符串"abcdefg"，要得到"gfedcba"。

参考程序：

```
Public Sub sub8()
    cs = "abcdefg"
    ccs = cs
    cresult = Space(0)                ' cresult 为字符串连接变量
```

```
Do While Len(cs) > 0
    ch = Left(cs, 1)
    cresult = ch & cresult
    cs = Mid(cs, 2)
Loop
    Debug.Print ccs & "的反序串为: " & cresult
End Sub
```

(3)将本实验中的 sub1、sub2、sub3 和 sub5 改用 Do…Loop 语句实现循环，过程依次命名为 sub9、sub10、sub11 和 sub12。请自行写出子程序过程并上机调试。

3．While…Wend 循环结构。

(1)编写子程序过程 sub13：用 While…Wend 循环计算 s=1+2+3+…+100。

参考程序：

```
Public Sub sub13()
    s = 0
    i=1
    While i<=100
        s = s + i
        i=i+1
    Wend
    Debug.Print "100 以内的自然数和 S = ", s
End Sub
```

(2)将上述子程序过程 sub8 改用 While…Wend 循环语句实现，子程序过程命名为 sub14。请自行写出程序并上机调试。

4．Exit for 语句和 Exit do 语句

编写子程序过程 sub15：用 Do…Loop 循环随机产生一个在 10~20 之间的数。

参考程序：

```
Public Sub sub15()
    Do
        x = Rnd() * 100
        If x > 10 And x <= 20 Then Exit Do
    Loop
    Debug.Print "随机产生的数为: ", x
End Sub
```

实验 4.4　子程序过程与自定义函数过程

【实验目的】
- 掌握子程序过程与自定义函数过程的定义方法
- 掌握子程序过程与自定义函数的调用方法
- 掌握子程序过程与自定义函数中的参数传递方法

【实验内容】

1．参数传递的两种方法。

2．子程序过程的创建。

3. 自定义函数过程的创建。

4. 子程序过程与自定义函数的调用。

注：本次实验的全部实验过程均要求保存在实验 4.2 所创建的 lab4.accdb 数据库中，新建模块名命名为"实验 4.4"。本次实验的全部实验程序均要求在 VBE 的模块中创建，不能直接在立即窗口中输入。程序录入完成以后，请运行程序并查看程序运行结果。

【操作步骤】

1. 参数传递。

(1) 默认的参数传递方式为传址(ByRef)。

编写子程序过程 main1 和自定义函数 fun1，通过 main1 过程调用 fun1 函数。

参考程序：

```
Public Sub main1()
    Dim a As Integer, b As Integer
    a = 3
    b = 5
    Debug.Print "调用函数前变量的值:" & "a=" & a & ",b=" & b
    c = fun1(a, b)
    Debug.Print "调用函数后变量的值:" & "a=" & a & ",b=" & b
    Debug.Print "调用函数的值:" & "c=" & c
End Sub

Public Function fun1(x As Integer, y As Integer)
    x = x - 1
    y = y + 1
    fun1 = x * y
End Function
```

实验结论：上述程序中，a、b 为实参；x、y 为形参，函数定义时采用默认的参数传递方式，即传址。所以在调用 fun1 函数后，实参的值会根据相应形参值的改变而改变。

(2) 参数按值传递(ByVal)。

编写子程序过程 main2 和自定义函数 fun2，通过 main1 过程调用 fun2 函数。

参考程序：

```
Public Sub main2()
    Dim a As Integer, b As Integer
    a = 3
    b = 5
    Debug.Print "调用函数前变量的值:" & "a=" & a & ",b=" & b
    c = fun2(a, b)
    Debug.Print "调用函数后变量的值:" & "a=" & a & ",b=" & b
    Debug.Print "调用函数的值:" & "c=" & c
End Sub

Public Function fun2(ByVal x As Integer, y As Integer)
    x = x - 1
    y = y + 1
    fun2 = x * y
End Function
```

实验结论：上述程序中，a、b 为实参；x、y 为形参，函数定义时 x 用 **Byval** 指定为按值传递，而 y 则采用默认的参数传递方式，即传址。所以在调用 fun2 函数后，实参 x 的值不会改变，而实参 y 的值会根据相应形参值的改变而改变。

```
                    *
                   **
                  ***
                 ****
                *****
```

图 4-1　输出图案

2. 子程序过程的设计。

编写子程序过程 main3 和输出星号过程 outstar，通过 main3 过程调用 outstar 输出图案，如图 4-1 所示。

参考程序：

```
Public Sub main3()
    For i = 1 To 5
        outstar i
    Next i
End Sub


Public Sub outstar(ByVal n As Integer)
    cs = ""
    For j = 1 To n
        cs = cs + "*"
    Next j
    Debug.Print cs
End Sub
```

3. 自定义函数的设计。

编写子程序过程 main4 和求解阶乘函数 fjc()，通过 main4 过程调用 fjc() 来计算 s=1!+2!+……+10!。

参考程序：

```
Public Sub main4()
    s = 0
    For i = 1 To 10
        s = s + fjc(i)
    Next i
    Debug.Print "10 以内的阶乘和为" & s
End Sub


Public Function fjc(ByVal n As Integer)
    p = 1
    For j = 1 To n
        p = p * j
    Next j
    fjc = p
End Function
```

练 习 题

新建数据库文件"lab4 练习题.accdb"，并在数据库中新建标准模块 test，要求在该模块中编写如下所有程序过程或函数。

1. 编写过程 no1，要求使用循环计算 S = 1/2 + 2/3 + 3/4 +⋯+10/11。

2. 编写过程 no2，要求使用循环计算 10 以内的奇数的阶乘和，即：

P = 1! + 3! + 5! +⋯+ 9!

3. 编写过程 no3，要求使用循环显示 10 000 以内所有回文数，并统计其个数及平均值。回文数是左右数字完全对称的数，如 1221、2662 等。

4. 编写过程 no4，要求使用循环将大写字母 A~Z 对应的 ASCII 值存储到数组 alpasc 的对应元素中，并将各元素值在立即窗口中显示，如 alpasc(1)=65，alpasc(2)=66 等。

实验 5   窗   体

实验 5.1   利用向导创建窗体

【实验目标】

- 掌握创建窗体的基本方法
- 掌握使用"窗体向导"创建窗体的方法

【实验内容】

实验一：使用"窗体向导"创建单一数据源的窗体。

在"教务管理"数据库中，利用"窗体向导"方式创建以"学生"表为数据源的数据表窗体，在窗体中显示：学号、姓名、性别、政治面貌、籍贯和入学日期等字段。

实验二：使用"窗体向导"创建多个数据源的窗体。

在"教务管理"数据库中，利用"窗体向导"方式创建一个查看每个教师基本情况和授课情况的窗体，其中教师授课情况以链接窗体的形式出现。窗体数据源为"教师"表和"授课"表，"教师"表显示字段有：职工号、姓名、性别、参加工作日期和职称，"授课"表显示字段有：职工号和授课课号。

【操作步骤】

实验一：

(1)打开"教务管理"数据库，在"创建"选项卡的"窗体"组中单击"窗体向导"按钮，弹出"窗体向导"对话框。

(2)在"窗体向导"对话框中，在"表/查询"下拉列表框中选择"学生"表作为窗体数据源。

(3)在"可用字段"列表框选择"学生"表中的"学号"字段，单击">"按钮该将字段移到右侧的"选定字段"列表框中。重复同样的操作，分别将"姓名""性别""政治面貌""籍贯"和"入学日期"字段移到右侧的"选定字段"列表框中，如图 5-1 所示。

中间 4 个按钮的功能如下。

- ">"按钮：将左侧"可用字段"列表框中选中的字段移到右侧"选定的字段"列表框中。
- ">>"按钮：将左侧"可用字段"列表框中的全部字段移到右侧"选定的字段"列表框中。
- "<"按钮：将右侧"选定的字段"列表框中选中的字段移到左侧"可用字段"列表框中。
- "<<"按钮：将右侧"选定的字段"列表框中的全部字段移到左侧"可用字段"列表框中。

(4)单击"下一步"按钮，在弹出的窗口中选择窗体布局样式，这里选择"数据表"，如

图 5-2 所示。

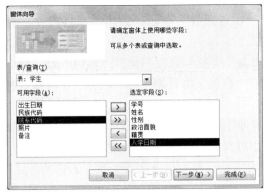

图 5-1　选择窗体显示字段　　　　　　　　　图 5-2　选择窗体布局

(5) 单击"下一步"按钮，在弹出的窗口中为窗体指定标题，这里输入"学生基本信息浏览"，如图 5-3 所示。

下方有两个选择项：

- 打开窗体查看或输入信息：结束窗体的创建过程，显示窗体运行效果。
- 修改窗体设计：打开窗体的设计视图，用户可以进一步修改窗体。

(6) 选择"打开窗体查看或输入信息"，单击"完成"按钮，即弹出创建的"学生基本信息浏览"窗体，如图 5-4 所示。

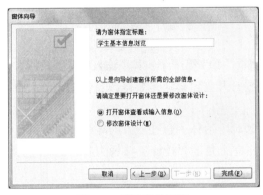

图 5-3　设置窗体标题　　　　　　　　　图 5-4　"学生基本信息浏览"窗体

实验二：

(1) 在创建窗体之前，首先在"关系"窗口中基于"职工号"字段建立"教师"表和"授课"表之间的一对多关系。

建立一对多关系的方法如下：

- 在数据库窗口的"数据库工具"选项卡"关系"组中选择"关系"按钮，在弹出的"关系"窗口中，单击右键，在快捷菜单中选择"显示表"命令。
- 在弹出的"显示表"窗口中分别将"教师"表和"授课"表添加到"关系"窗口中，单击"关闭"按钮关闭"显示表"窗口。

● 在"关系"窗口中,选中"教师"表中的"职工号"字段,鼠标按住左键拖向"授课"表的"职工号"字段,松开鼠标,在弹出的"编辑关系"对话框中单击"确定"按钮。

(2)在"创建"选项卡的"窗体"组中单击"窗体向导"按钮,弹出"窗体向导"对话框。

(3)在"窗体向导"对话框中,首先在"表/查询"下拉列表框中选择"教师"表,并单击">"按钮,将表中的"职工号""姓名""性别""参加工作日期"和"职称"字段移入右侧的"选定的字段"列表框中。

(4)继续在"表/查询"下拉列表框中选择"授课"表,并将左侧"可用字段"中的"职工号"和"授课课号"字段移入右侧的"选定的字段"列表框中,如图 5-5 所示。

(5)单击"下一步"按钮,弹出如图 5-6 所示的界面。在左侧"请确定查看数据的方式"列表框中选择"通过教师",在右侧下方的单选按钮组中选择"链接窗体"。

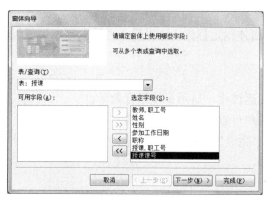

图 5-5   分别从两个表中选择字段

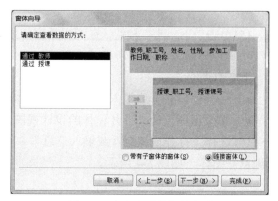

图 5-6   确定查看数据的方式

(6)单击"下一步"按钮,弹出如图 5-7 所示的界面。为"第一个窗体"输入标题"教师",为"第二个窗体"输入标题"授课"。在"请确定是要打开主窗体还是要修改窗体的设计"中选择"打开主窗体查看或输入信息"项。

(7)单击"完成"按钮,弹出如图 5-8 所示的"教师"窗体。通过下方的导航按钮可浏览教师基本信息,对于当前教师的授课情况可通过单击左上角的"授课"按钮查看,这时会弹出相应的链接窗口,如图 5-9 所示。

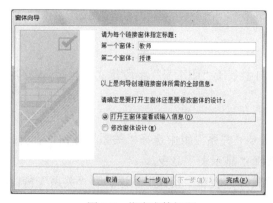

图 5-7   指定窗体标题

图 5-8   "教师"窗体

注意 在窗体中，"授课"链接按钮被"教师"标题遮挡。选择该按钮的方法是：先在窗体上方"教师"标题的空白处单击一下，就可以单击"授课"按钮了。

图 5-9 打开"授课"链接窗体的效果

实验 5.2 在窗体中编辑及使用数据

【实验目标】

● 掌握在窗体中定位数据、添加及编辑数据的方法

● 掌握在窗体中删除记录、对记录筛选及排序的方法

● 掌握在窗体中查找记录的方法

【实验内容】

在"教务管理"数据库中，基于"学生"表创建显示学生全部信息的窗体，要求：

(1)将记录定位到第 3 条记录处，将"政治面貌"修改为"党员"。

(2)在当前窗体中添加一条记录，记录内容如表 5-1 所示。

表 5-1 新记录内容

学号	姓名	性别	出生日期	政治面貌	民族代码	籍贯
10020302321	吴军洋	男	1992-8-1	团员	01	江苏南京

(3)删除第 4 条记录。

(4)在窗体中筛选出"姓名"不是姓"赵"的所有信息。

(5)在窗体中按照"学号"的降序显示记录。

(6)取消筛选。

(7)将当前记录表中所有"姓名"字段中的"晓"替换为"小"。

【操作步骤】

(1)打开"教务管理"数据库，在左侧的对象列表窗格中选中"学生"表，在"创建"选项卡"窗体"组中单击"窗体"按钮，创建一个学生信息的窗体。

(2)在"窗体布局工具/设计"选项卡"视图"组中单击"视图"按钮下方的小按钮，在其下拉列表中选择"窗体视图"。

(3) 单击窗体下方导航条中的"下一条记录"按钮 ▶，将记录定位到第 3 条，或者在导航条中间的文本框中输入数字"3"，然后按回车键。这时在窗体中显示出第 3 条记录的各字段内容，将其中"政治面貌"字段的内容修改为"党员"。

(4) 单击导航条上的"新记录"按钮 ▶≣，窗体中显示一条空白记录，在其中输入表 5-1 所示的记录内容。

(5) 单击窗体下方导航条中的记录转移按钮，将记录定位到第 4 条，在"开始"选项卡"记录"组中单击"删除"按钮旁的小按钮，在列表中选择"删除记录"命令，或在窗体中单击左侧的"记录选定器"，单击右键在快捷菜单选择"剪切"命令。在弹出的如图 5-10 所示的删除记录提示框中单击"是"，即可删除当前记录。

图 5-10　删除记录提示框

(6) 在窗体的"窗体视图"下，将光标定位在"学生"字段文本框中，单击右键，在快捷菜单中指向"文本筛选器"，在其下一级菜单项中选择"不包含"，如图 5-11 所示。弹出如图 5-12 所示的"自定义筛选"对话框，在"姓名不包含"文本框中输入"赵*"单击"确定"按钮，这时在窗体中显示筛选之后的记录。

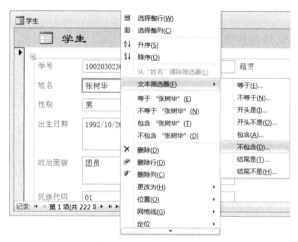

图 5-11　文本筛选器

图 5-12　"自定义筛选"对话框

(7) 将光标定位在"学号"标签后的文本框中。在"开始"选项卡"排序和筛选"组中单击"降序"按钮 ⬇，或单击右键，在快捷菜单中选择"降序"命令，这时记录按照"学号"字段的降序显示。

注：在"开始"选项卡"排序和筛选"组中单击"取消排序"命令 ⬖，则可取消排序，恢复到原来的记录顺序。

(8) 在"开始"选项卡"排序和筛选"组中单击"切换筛选"命令，则取消了当前筛选。

(9) 在窗体的"窗体视图"下，将鼠标定位在显示"姓名"字段的控件上。在"开始"选项卡"查找"组中单击"替换"按钮，弹出"查找和替换"对话框。在"查找和替换"对话框中做以下设置，如图 5-13 所示。

● 在"查找内容"中输入要查找的数据"晓"；

- 在"替换为"中输入"小";
- 在"查找范围"中选择"当前字段";
- 在"匹配"中选择"字段任何部分";
- 在"搜索"中选择"全部"。

单击"全部替换"按钮，在弹出的如图 5-14 所示的提示框中单击"是"，则会将数据表中的相关数据全部替换。

图 5-13　"查找和替换"对话框

图 5-14　替换提示框

实验 5.3　设计窗体

【实验目标】

- 熟悉窗体的基本属性和事件
- 掌握设置窗体属性和事件的方法

【实验内容】

实验一：新建一个窗体，按以下要求完成对窗体的编辑、修改。

(1)将窗体标题设置为"学生信息"。

(2)设置滚动条只有垂直滚动条。

(3)取消最大最小化按钮。

(4)设置窗体自动居中。

(5)设置窗体的记录源为"学生"表。

(6)保存该窗体，名称为"学生窗体"。

实验二：窗体的标题每隔 1 秒钟交替显示当前日期和当前时间。

【操作步骤】

实验一：

(1)在数据库窗口中，在"新建"选项卡"窗体"组中单击"窗体设计"按钮，新建一个窗体，以"设计视图"方式显示。

(2)单击窗体设计视图中窗体左上角标尺交叉处的"窗体选定器"选择窗体，单击鼠标右键，在弹出的快捷菜单中选择"表单属性"或"属性"命令，弹出窗体的"属性表"窗格。或在"窗体设计工具/设计"选项卡"工具"组中单击"属性表"按钮，在弹出的"属性表"窗格的组合框中选择"窗体"，也可打开窗体的"属性表"窗格。

(3)在窗体的"属性表"窗格中单击"格式"选项卡。

- 在"标题"属性后输入"学生信息"。

- 在"滚动条"属性后选择"只垂直"。
- 在"最大最小化按钮"属性后选择"无"。
- 在"自动居中"属性后选择"是"。

(4)在窗体的"属性表"窗格中单击"数据"选项卡,在"记录源"属性后选择"学生"表,属性设置如图 5-15 所示。

(5)单击数据库快速访问工具栏中的"保存"按钮,保存该窗体,输入窗体名称为"学生窗体"。

实验二:

(1)在数据库窗口中,在"新建"选项卡"窗体"组中单击"窗体设计"按钮,新建一个窗体。

(2)单击窗体设计视图中窗体左上角标尺交叉处的"窗体选定器"选择窗体,单击鼠标右键,在弹出的快捷菜单中选择"属性"命令,弹出窗体的"属性表"窗格。

(3)在窗体的"属性表"窗格中单击"事件"选项卡,将光标定位在"加载"事件后面的组合框中,单击组合框按钮,选择"事件过程",单击其后面的按钮 ⋯ ,在弹出的 VBE 环境中输入以下代码:

```
Private Sub Form_Load( )
  Me.Caption = Time
End Sub
```

(4)在窗体的"属性表"窗格的"事件"选项卡中,设置窗体的"计时器间隔"属性为1000。设置窗体的"计时器触发"事件代码如下:

```
Private Sub Form_Timer( )
    If Me.Caption = Date Then
        Me.Caption = Time
    Else
        Me.Caption = Date
    End If
End Sub
```

(5)将窗体的视图切换到"窗体视图"下,如图 5-16 所示。每隔 1 秒钟窗体的标题会在当前日期和时间之间切换显示。

图 5-15　属性设置

图 5-16　窗体标题切换效果

实验 5.4 标签、命令按钮和文本框控件设计

【实验目标】
- 掌握创建标签、命令按钮和文本框控件的方法
- 掌握标签、命令按钮和文本框控件的基本属性和事件

【实验内容】

实验一：设计一个如图 5-17 所示的口令窗体，实现输入口令的判别过程。要求：

(1) 取消窗体的滚动条、记录选择器、导航按钮和分隔线，边框样式为可调边框。

(2) 标签显示的文字为"输入口令："，前景色为黑色，字号为 14，距离窗体左边框和上边框均为 1cm，高度为 0.7cm，宽度为 2.6cm。

(3) 文本框用来接收输入的口令，文本框的前景色为红色，字号为 14，字体粗细为半粗，并且文本框中输入的信息以"*"显示。

(4) 单击"确定"命令按钮时，判断在文本框中输入的口令是否是"123456"，若是，则提示"口令正确，欢迎进入！"；否则，提示"口令错误，请重新输入！"，并清空文本框，将光标放置在文本框中。

(5) 单击"退出"命令按钮时，退出当前窗体。

实验二：设计一个如图 5-18 所示的"字符统计"窗体，其中包括两个文本框、一个标签和一个命令按钮。要求实现：

(1) 在第一个文本框中输入一个字符串，在第二个文本框中输入一个单字符，当单击"统计"命令按钮时，统计单字符在字符串中出现的次数，并将统计结果显示在最下方的标签中。

(2) 在窗体刚刚运行时不显示最下方的统计结果标签，当单击"统计"按钮时显示统计结果标签内容。

图 5-17 口令窗体

图 5-18 "字符统计"窗体

【操作步骤】

实验一：

(1) 在数据库窗口"新建"选项卡"窗体"组中单击"窗体设计"按钮，新建一个窗体。在窗体的"属性表"窗格中设置"滚动条"属性为"两者均无"，"记录选择器"为"否"，"导航按钮"为"否"，"分隔线"属性为"否"，"边框样式"为"可调边框"。

(2) 在窗体中添加一个文本框控件，控件名称为 Text0。选中文本框的附属标签，在其"属性表"窗格中设置"标题"属性为"输入口令："，设置"前景色"属性为"黑色"（颜色代码为"#000000"），"字号"为"14"，"左边距"和"上边距"属性均为 1，"高度"属性为 0.7，

"宽度"属性为 2.6。

(3)将文本框拖放到标签后的合适位置。在文本框控件的"属性表"窗格中设置"前景色"属性为"红色"（颜色代码为"#ED1C24"），"字号"属性为"14"，"字体粗细"属性为"半粗"。在"属性表"窗格中选择"数据"选项卡，将光标定位在"输入掩码"属性之后的文本框中，单击其后的按钮 ⸽，在弹出的如图 5-19 所示的"输入掩码向导"对话框中选择"密码"，单击"完成"按钮。

(4)在窗体中添加一个命令按钮 Command2，设置其"标题"属性为"确定"，设置其"单击"事件代码如下：

```
Private Sub Command2_Click( )
  If Me.Text0.Value = "123456" Then
     MsgBox "口令正确，欢迎进入！"
  Else
     MsgBox "口令错误，请重新输入！"
     Me.Text0.Value = ""
     Me.Text0.SetFocus
  End If
End Sub
```

(5)在窗体中再添加一个命令按钮 Command3，设置其"标题"属性为"退出"，设置其"单击"事件代码如下：

```
Private Sub Command3_Click( )
   DoCmd.Close
End Sub
```

图 5-19 "输入掩码向导"对话框

实验二：

(1)在数据库窗口"新建"选项卡"窗体"组中单击"窗体设计"按钮，新建一个窗体。在窗体中添加两个文本框 Text0 和 Text2，修改文本框 Text0 的附属标签为"请输入字符串："，修改文本框 Text2 的附属标签为"输入统计字符："。添加一个命令按钮 Command4，标题为"统计"。在窗体最下方添加一个标签控件 Label5，设置标签的"标题"属性为"字符"，"可见"属性为"否"。分别设置各个控件其他的相关属性。

(2)设置"统计"命令按钮的"单击"事件代码如下：

```
Private Sub Command4_Click()
    Dim x, y, n
    x = Me.Text0.Value
    y = Me.Text2.Value
    n = 0
    For i = 1 To Len(x)
      If Mid(x, i, 1) = y Then
        n = n + 1
      End If
    Next
    Me.Label5.Visible = True
```

```
    Me.Label5.Caption = "在该字符串中包含" & n & "个" & y & "字符"
End Sub
```

(3)切换到"窗体视图"下，这时最下方的标签没有显示。在第一个文本框中输入一串字符，在第二个文本框输入一个单字符，单击"统计"命令按钮，最下方的标签就会出现，并将统计结果显示在窗体中。

实验 5.5　列表框和组合框控件设计

【实验目标】
- 掌握利用控件向导方式创建列表框和组合框控件的方法
- 掌握利用手工方式创建列表框和组合框控件的方法
- 掌握列表框和组合框控件的基本属性和事件

【实验内容】
实验一：设计一个窗体，完成以下操作要求：

(1)在窗体中添加一个列表框，在列表框中显示"教师"表中的前 3 个字段内容，"姓名"字段为返回结果，设置列表框宽度为 5cm、高度为 3.5cm，设置第 1 列至第 3 列列宽分别为 1.8cm、1.6cm 和 1.6cm。

(2)在窗体中添加一个组合框，在组合框中显示基本工资在 3000 元以上(含 3000 元)的职工号、姓名、基本工资和岗位津贴等字段信息，"姓名"字段为返回结果。

(3)在窗体中添加一个文本框，设置名称为 ABC。然后将 ABC 文本框改为组合框类型，保持控件名称不变，实现以下拉列表形式输入性别"男"和"女"。

实验二：设计一个如图 5-20 所示的"学生政治面貌查询"窗体，在文本框中输入需查询的政治面貌，单击"查找"命令按钮，在列表框中显示该政治面貌的学生的学号、姓名、性别、出生日期和籍贯信息，并在列表框中显示列标题。

图 5-20　"学生政治面貌查询"窗体

【操作步骤】
实验一：

(1)在数据库窗口"新建"选项卡"窗体"组中单击"窗体设计"按钮，创建一个窗体，在窗体中添加一个列表框控件。打开列表框的"属性表"窗格，选择"数据"选项卡，设置列表框的"行来源类型"属性为"表/查询"，在"行来源"属性中选择"教师"表为数据源，"绑定列"属性后输入 2。

选择"格式"选项卡，设置"宽度"属性为"5cm"、"高度"属性为"3.5cm"，"列数"属性为"3"，"列宽"属性为"1.8cm;1.6cm;1.6cm"。

（2）在窗体中添加一个组合框控件，设置组合框的"行来源类型"属性为"表/查询"，单击"行来源"属性后的按钮 ⋯，在弹出的如图 5-21 所示的"查询生成器"窗口中添加"教师"表和"工资"表，在输出字段中从"教师"表中选择"职工号"和"姓名"两个字段，在"工资"表中选择"基本工资"和"岗位津贴"两个字段，调整字段显示顺序，并在"基本工资"字段下方的"条件"行中输入">=3000"。单击"查询生成器"窗口右上角"关闭"按钮，在弹出的"是否保存对 SQL 语句的更改并更新属性？"提示框中单击"是"按钮，这样就设置了组合框的"行来源"属性值。设置"列数"属性为 4，设置"绑定列"属性为 2。

（3）在窗体中添加一个文本框，设置"名称"属性为 ABC。选择该文本框，单击右键，在快捷菜单中指向"更改为"，在下一级子菜单中选择"组合框"，这时文本框控件被改变为组合框类型，并且保持控件名称不变。在 ABC 组合框的"行来源类型"属性中选择"值列表"，在"行来源"属性后面输入"男;女"。

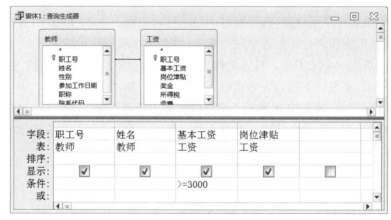

图 5-21 "查询生成器"窗口

实验二：

（1）在数据库窗口"新建"选项卡"窗体"组中单击"窗体设计"按钮，创建一个窗体，设置窗体"标题"属性为"学生政治面貌查询"。

（2）在窗体中添加一个文本框 Text0，修改文本框的附属标签的标题为"请输入政治面貌:"，设置文本框的"文本对齐"属性为"居中"。

（3）添加一个列表框控件 List2，修改列表框的附属标签的标题为"学生信息查询:"。

（4）添加一个命令按钮控件 Command4，修改命令按钮的"标题"属性为"查找"，设置"单击"事件代码如下：

```
Private Sub Command4_Click()
    Dim x
```

```
        x = Me.Text0.Value
        Me.List2.RowSourceType = "表/查询"
        Me.List2.RowSource = "Select 学号, 姓名, 性别, 出生日期, 籍贯 From 学生 Where 政
治面貌='" & x & "'"
        Me.List2.ColumnCount = 5
    End Sub
```

(5)选中窗体中所有控件，设置"字号"属性均为"14"，在快捷菜单中指向"大小"，在下一级子菜单中选择"正好容纳"，调整各个控件的位置。设置列表框 List2"列标题"属性为"是"，设置"列宽"属性为"3cm;2cm;1.5cm;3cm"。

(6)切换到"窗体视图"下，在"请输入政治面貌:"文本框中输入一个政治面貌，如"团员"，单击"查找"按钮，在"学生信息查询:"列表框中就会显示出所有团员学生的信息。

实验 5.6　选项按钮、复选框、切换按钮和选项组控件的设计

【实验目标】
- 掌握创建选项按钮、复选框和切换按钮控件的方法
- 掌握利用控件向导方式创建选项组控件的方法
- 掌握利用手工方式创建选项组控件的方法
- 掌握选项按钮、复选框、切换按钮和选项组控件的基本属性和事件

【实验内容】

设计一个窗体，如图 5-22 所示。窗体中包含一个选项组和一个列表框，选项组中有 4 个复选框，分别显示 4 个表的名称：学生、教师、课程和工资。当在选项组中选中某一个复选框时，在列表框中就会显示对应数据表中的前 3 个字段的内容，并在列表框的附属标签中显示出相应的提示信息："学生信息""教师信息""课程信息"和"工资信息"。

图 5-22　"显示表信息"窗体

【操作步骤】

(1)在数据库窗口"新建"选项卡"窗体"组中单击"窗体设计"按钮，创建一个窗体。在窗体中添加一个选项组，名称为 Frame0，修改选项组的附属标签的标题为"请选择"。在选项组中添加 4 个复选框，复选框附属标签的"标题"属性分别设置为"学生""教师""课程"和"工资"。

注意　　　检查 4 个复选框的"选项值"属性应分别为 1、2、3 和 4。

(2)在窗体中添加一个列表框控件 List1，列表框的附属标签的名称为 Label2，设置列表框的"列标题"属性为"是"。

(3)设置选项组控件 Frame0 的"单击"事件代码如下：

```
Private Sub Frame0_Click()
    Me.List1.ColumnCount = 3
     Me.List1.RowSourceType = "表/查询"
     Select Case Me.Frame0.Value
     Case 1
        Me.List1.RowSource = "学生"
        Me.Label2.Caption = "学生信息："
     Case 2
        Me.List1.RowSource = "教师"
        Me.Label2.Caption = "教师信息："
     Case 3
        Me.List1.RowSource = "课程"
        Me.Label2.Caption = "课程信息："
     Case 4
        Me.List1.RowSource = "工资"
        Me.Label2.Caption = "工资信息："
     End Select
End Sub
```

(4)调整窗体中各个控件的字体名称、字号和显示位置等，自行设置列表框中的"列宽"属性。切换到"窗体视图"下，单击某个复选框，在列表框中会显示相应数据表中前 3 个字段的内容，同时列表框附属标签会同步变化提示信息。

实验 5.7　其他控件设计

【实验目标】
● 掌握创建图像、直线、矩形、未绑定对象框、绑定对象框、分页符、ActiveX 控件和选项卡等控件的方法
● 掌握图像、直线、矩形、未绑定对象框、绑定对象框、分页符、ActiveX 控件和选项卡等控件的基本属性和事件

【实验内容】
实验一：设计一个"颜色测试"窗体，如图 5-23 所示。当在选项组中选择一种颜色时，下方的矩形框中显示相应的颜色。

实验二：设计一个窗体，窗体中包含一个选项卡控件，选项卡中有两个页面：一个页面用来计算圆柱形物体的体积(图 5-24)，另一个页面用来显示日历(图 5-25)。

图 5-23 "颜色测试"窗体

图 5-24 "计算圆柱体积"页面

【操作步骤】

实验一：

(1)在数据库窗口"新建"选项卡"窗体"组中单击"窗体设计"按钮，创建一个窗体。添加一个选项组控件，名称为Frame0，删除选项组的附属标签。在选项组中添加 4 个选项按钮，分别设置它们的标签显示标题为"红色""蓝色""黑色"和"白色"。注意检查每个选项按钮的"选项值"属性，应分别为1、2、3 和 4。

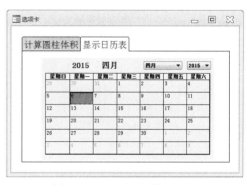

图 5-25 "显示日历表"页面

(2)在选项组下方添加一个矩形控件，名称为Box1，设置矩形控件的"背景样式"属性为"常规"。

(3)添加两个标签控件，分别放在选项组和矩形框之前，并设置它们的"标题"属性为"选择颜色："和"颜色效果："。

(4)设置选项组 Frame0 的"单击"事件代码如下：

```
Private Sub Frame0_Click()
    Select Case Me.Frame0.Value
        Case 1
            Me.Box1.BackColor = RGB(255, 0, 0)       '红色
        Case 2
            Me.Box1.BackColor = RGB(0, 0,255)        '蓝色
        Case 3
            Me.Box1.BackColor = RGB(0, 0, 0)         '黑色
        Case 4
            Me.Box1.BackColor = RGB(255, 255, 255)        '白色
    End Select
End Sub
```

实验二：

(1)在数据库窗口"新建"选项卡"窗体"组中单击"窗体设计"按钮，创建一个窗体。在窗体中添加一个选项卡控件，设置选项卡中的两个页面的"标题"属性分别为"计算圆柱体积"和"显示日历表"。

（2）选择选项卡的"计算圆柱体积"页面，在其中添加以下控件：

● 添加一个标签，设置"标题"属性为"请输入圆柱形物体的："。

● 添加两个文本框，设置"名称"属性分别为 Text1 和 Text2，附属标签的"标题"属性分别设置为"高度(厘米)："和"半径(厘米)："。

● 添加一个命令按钮，设置"名称"属性为 Command3，设置"标题"属性为"计算体积"。

● 添加一个标签，设置"名称"属性为 Label4，设置"标题"属性为"体积"，"可见"属性为"否"。

（3）设置命令按钮 Command3 的"单击"事件代码如下：

```
Private Sub Command3_Click( )
    Dim x, y
    x = Trim(Me.Text1.Value)
    y = Trim(Me.Text2.Value)
If ISNULL(x) Then
        MsgBox "高度不可以为空！"
        Me.Text1.SetFocus
    ElseIf ISNULL(y) Then
        MsgBox "半径不可以为空！"
        Me.Text2.SetFocus
    Else
        Me.Label4.Caption = "圆柱形的体积为" & Round(x * 3.14159 * y * y, 2) &_
"立方厘米"
        Me.Label4.Visible = True
    End If
End Sub
```

（4）选中"显示日历表"页面，在"窗体设计工具/设计"选项卡"控件"组中单击下拉小按钮，在下拉列表中选择"ActiveX 控件"命令，弹出如图 5-26 所示的"插入 ActiveX 控件"对话框，在其中选择"日历控件 8.0"，单击"确定"按钮，在当前页面中就会插入一个日历控件。

图 5-26　"插入 ActiveX 控件"对话框

实验 5.8 计算控件和主/子窗体的设计

【实验目标】

- 掌握创建计算控件的方法
- 掌握创建主/子窗体的方法
- 掌握主/子窗体的基本属性和事件

【实验内容】

实验一：设计一个窗体，如图 5-27 所示。显示"教师"表中每位教师的职工号、姓名职称、性别、职称等级和院系代码。

其中，"姓名职称"为"姓名"和"职称"两个字段内容的合并；"职称等级"的设置如下：

- "教授"和"副教授"为"高级职称"；
- "讲师"为"中级职称"；
- "助教"为"初级职称"。

实验二：基于"院系"表和"教师"表创建主/子窗体。在主窗体中显示院系信息，在子窗体中显示该院系的教师信息。

【操作步骤】

实验一：

(1)在数据库窗口"新建"选项卡"窗体"组中单击"窗体设计"按钮，创建一个窗体。设置窗体的"记录源"属性为"教师"。

(2)在窗体中添加 5 个文本框，分别设置其"标题"属性为"职工号：""姓名职称：""性别：""职称等级："和"院系代码："。设置"职工号""性别"和"院系代码"标签后的文本框的"控件来源"属性分别为"教师"表中的"职工号""性别"和"院系代码"字段。

(3)选择"姓名职称"标签后的文本框，打开其"属性表"窗格，在"控件来源"属性中输入：

`=[姓名] & [职称]`

(4)选择"职称等级"标签后的文本框，打开其属性窗口，在"控件来源"属性中输入：

`=IIF(InStr([职称]，"教授")>0，"高级职称"，IIF([职称]="讲师"，"中级职称"，"初级职称"))`

实验二：

(1)在数据库窗口"数据库工具"选项卡"关系"组中单击"关系"按钮，在打开的"关系"窗口中，基于"院系代码"字段建立"院系"表和"教师"表之间的一对多关系。

(2)在"新建"选项卡"窗体"组中单击"窗体设计"按钮创建一个窗体，设置"记录源"属性为"院系"。在窗体中添加两个文本框，分别显示"院系"表中的"院系代码"和"院系名称"字段内容。

(3)在"窗体设计工具/设计"选项卡"控件"组中，确保"使用控件向导"功能项未选中，鼠标单击"子窗体/子报表"按钮在主窗体中拖出一个矩形，形成一个子窗体控件。设置子窗体控件的以下属性：

- "源对象"属性为"表.教师"

- "链接主字段"属性为"院系代码"
- "链接子字段"属性为"院系代码"

(4)这时在主窗体中就创建了一个子窗体,调整显示位置。将视图切换到"窗体视图",窗体效果如图 5-28 所示。窗体最下方的导航按钮控制"院系"表记录的移动,子窗体中的导航按钮控制"教师"表中记录的移动。当主窗体中"院系"表记录变化时,子窗体中的教师信息同步发生变化。

图 5-27 "教师信息"窗体

图 5-28 院系-教师-主/子窗体

练习题

1. 在素材文件夹下有一个数据库文件 samp1.accdb,其中存在已经设计好的窗体对象 Form1。请在此基础上按照以下要求补充窗体设计:

(1)在窗体的窗体页眉节区添加一个标签控件,名称为 sTitle,标题为"学生基本信息查询"。

(2)在窗体主体节区添加两个复选框选控件,复选框控件分别命名为 cBox1 和 cBox2,对应的复选框标签显示内容分别为"党员"和"团员",标签名称分别为 dyty1 和 dyty2。

(3)分别设置复选框控件 cBox1 和 cBox2 的"默认值"属性为 False。

(4)在窗体页脚节区添加一个命令按钮,命名为 Cmd1,按钮标题为"查询"。

(5)设置命令按钮 Cmd1 的单击事件属性为给定的宏对象 m1。

(6)将窗体标题设置为"信息查询"。

 注意   不能修改窗体对象 Form1 中未涉及的属性。

2. 在素材文件夹下有一个数据库文件 samp2.accdb,其中存在已经设计好的窗体对象 Form2。请在此基础上按照以下要求补充窗体设计:

(1)在窗体的窗体页眉节区添加一个标签控件,名称为 bTitle,初始化标题显示为"客户基本信息"，字体名称为"楷体"，字号大小为20。

(2)将命令按钮 bList 的标题设置为"显示客户情况"。

(3)单击命令按钮 bList，要求运行宏对象 m1；单击事件代码已提供，请补充完整。

(4)取消窗体的水平滚动条和垂直滚动条；取消窗体的最大化和最小化按钮。

(5)在"窗体页眉"中距左边 0.5 厘米、上边 0.3 厘米处添加一个标签控件，控件名称为 Tdate，标题为"系统日期"。窗体加载时，将添加标签标题设置为系统当前日期。窗体"加载"事件已提供，请补充完整。

●　不能修改窗体对象 Form2 中未涉及的控件和属性。

●　程序代码只允许在"*****Add*****"与"*****Add*****"之间的空行内补充一行语句，完成设计，不允许增删和修改其他位置已存在的语句。

3. 在素材文件夹下有一个数据库文件 samp3.accdb，里面已经设计好表对象 tStudent，同时还设计出窗体对象 Form3 和 FormSt。请在此基础上按照以下要求补充 Form3 窗体的设计：

(1)在距主体节上边 0.4 厘米、左边 0.4 厘米位置添加一个矩形控件，其名称为 sBox；矩形宽度为 16.6 厘米，高度为 1.2 厘米，特殊效果为"凿痕"。

(2)将窗体中"退出"命令按钮上显示的文字颜色改为"深红色"，字体粗细改为"加粗"。

(3)将窗体标题改为"显示查询信息"。

(4)将窗体边框改为"对话框边框"样式，取消窗体中的水平和垂直滚动条、记录选择器、导航按钮和分隔线。

(5)在窗体中有一个"显示全部记录"命令按钮(名称为 cmdShow)，单击该按钮后，应实现将 tStudent 表中的全部记录显示出来的功能。现已编写了部分 VBA 代码，请按照 VBA 代码中的指示将代码补充完整。

要求：修改后运行该窗体，并查看修改结果。

●　不要修改窗体对象 Form3 和 FormSt 中未涉及的控件、属性；不要修改表对象 tStudent。

●　程序代码只能在"*********"与"*********"之间的空行内补充一行语句，完成设计，不允许增删和修改其他位置已存在的语句。

4. 在素材文件夹下有一个数据库文件 samp4.accdb，里面已经设计了表对象 tEmp、查询对象 qEmp 和窗体对象 Form4 与 brow。同时，给出窗体对象 Form4 上两个按钮的单击事件代码，请按以下要求补充设计：

(1)修改窗体 brow，取消"记录选择器"和"分隔线"显示，在窗体页眉处添加一个标签控件(名为 Line)，标签标题为"线路介绍"，字体为隶书，字体大小为18。

(2)将窗体 Form4 上名称为 tSS 的文本框控件改为组合框控件，控件名称不变，标签标题不变。设置组合框控件的相关属性，以实现从下拉列表中选择输入性别"男"和"女"。

(3)将查询对象 qEmp 改为参数查询，参数为窗体对象 Form4 上组合框 tSS 的输入值。

(4)将窗体对象 Form4 上名称为 tPa 的文本框控件设置为计算控件。要求依据"党员否"

字段值显示相应内容。如果"党员否"字段值为 True，显示"党员"两个字；如果"党员否"字段值为 False，显示"非党员"3 个字。

（5）在窗体对象 Form4 上有"刷新"和"退出"两个命令按钮，名称分别为 bt1 和 bt2。单击"刷新"按钮，窗体记录源改为查询对象 qEmp；单击"退出"按钮，关闭窗体。现已编写了部分 VBA 代码，请按 VBA 代码中的指示将代码补充完整。

- 不要修改数据库中的表对象 tEmp；不要修改查询对象 qEmp 中未涉及的内容；不要修改窗体对象 Form4 中未涉及的控件和属性。
- 程序代码只允许在"*****Add*****"与"*****Add*****"之间的空行内补充一行语句，完成设计，不允许增删和修改其他位置已存在的语句。

实验 6　报　　表

实验 6.1　使用向导创建报表

【实验目的】

● 掌握各种类型报表的创建方法。

【实验内容】

1. 基于"学生"表，使用"自动创建报表"创建一个显示学生表全部信息的"学生信息报表"。

2. 基于"学生"表、"课程"表和"成绩"表，使用报表向导创建"学生选课成绩表"的报表，结果如图 6-2 所示。

【操作步骤】

1. 创建"学生"报表。

(1)在数据库窗口中单击"对象"列表中的"学生"表，然后单击"创建"选项卡。

(2)在"报表"组中单击"报表"按钮，如图 6-1 所示。

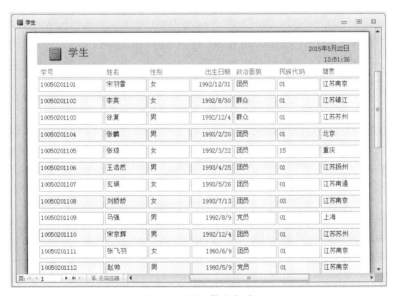

图 6-1　学生信息报表

2. 创建"学生选课成绩表"报表。

(1)在数据库窗口中单击"创建"选项卡，在"报表"组中单击"报表向导"按钮。

(2)在报表向导步骤一中选择需要输出的字段列表："学生"表的学号、姓名，"课程"表的课程名称和"成绩"表的成绩。

(3)单击"下一步"按钮，在报表向导步骤二中选择数据查看的方式：学号和姓名。

(4) 单击"下一步"按钮，在报表向导步骤三中选择数据分组级别：学号和姓名。

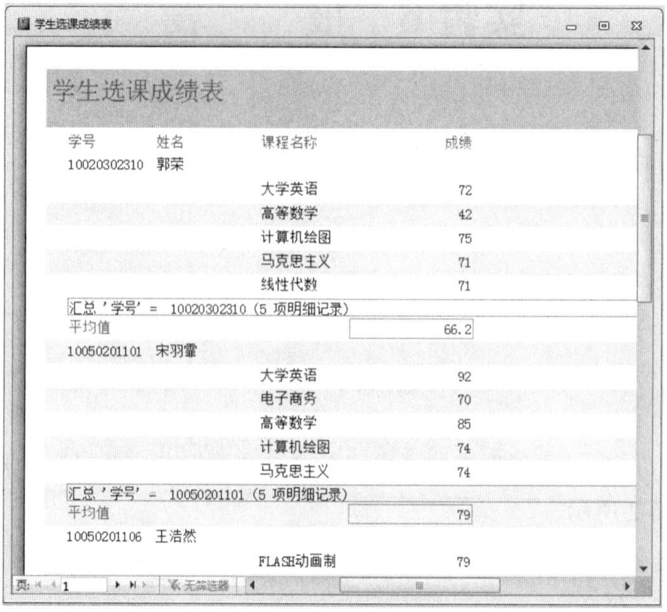

图 6-2　学生选课成绩表

(5) 单击"下一步"按钮，在报表向导步骤四中选择排序依据：课程名称；设置汇总选项：成绩的平均。

(6) 单击"下一步"按钮，在报表向导步骤五中选择布局方式。

(7) 单击"下一步"按钮，在报表向导步骤六中设置报表标题：学生选课成绩表。

(8) 单击"完成"按钮。

实验 6.2　使用设计视图报表

【实验目的】
- 掌握使用设计视图创建报表
- 掌握分组与排序的使用方法
- 重点掌握报表中的计算和汇总
- 掌握报表的其他设置

【实验内容】

基于"课程"表和"成绩"表，使用报表设计视图，创建"各门课程成绩明细报表"，按课程名称进行分组，组内按成绩降序排序，成绩相同的按学号升序排序，并计算各门课程的平均成绩，结果如图 6-3 所示。

【操作步骤】

(1) 在数据库窗口中单击"创建"选项卡，在"报表"组中单击"报表设计"按钮。

(2) 在"报表设计工具选项卡"中"设计子选项卡"的"工具"组中单击"属性表"按钮，打开属性表设置对话框。

(3) 设置报表的记录源("记录源"属性)为一条 SELECT-SQL 语句：

SELECT 学生.学号, 学生.姓名, 课程.课程代码, 课程.课程名称, 成绩.成绩 FROM 学生 INNER JOIN （课程 INNER JOIN 成绩 ON 课程.课程代码 = 成绩.课程号） ON 学生.学号 = 成绩.学号

(4) 在"报表设计工具选项卡"中"设计子选项卡"的"分组和汇总"组中单击"分组和排序"按钮，打开"分组、排序和汇总"对话框；在对话框中单击"添加组"按钮，设置分组依据为课程名称；单击"添加排序"按钮，设置排序依据为：成绩降序和学号升序。

(5) 在报表的各个节内添加控件，并设置它们的属性，调整它们的位置。也可以通过从字段列表中拖动字段实现，各控件设置结果如图 6-3 所示。

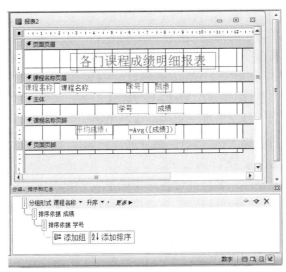

图 6-3　"各门课程成绩明细报表"设计界面

(6) 将报表视图切换为打印预览视图，查看报表的打印效果，如图 6-4 所示。

图 6-4　各门课程成绩明细报表

(7)关闭打印预览视图，单击"保存"按钮，设置报表名称为"各门课程成绩明细报表"。

实验 6.3　创建子报表

【实验目的】

掌握创建子报表的方法

【实验内容】

以"学生"表和"成绩"表为数据源，以"学生"表为主报表，创建"选课成绩子报表"。

【操作步骤】

(1)在数据库窗口中单击"创建"选项卡，在"报表"组中单击"报表设计"按钮。

(2)在"报表设计工具选项卡"中"设计子选项卡"的"工具"组中单击"属性表"按钮，打开属性表设置对话框。

(3)设置报表的记录源（"记录源"属性）为"学生"表。

(4)将字段"学号"和"姓名"拖到报表的主体节内。

(5)在报表的主体节内添加子报表控件（控件向导关闭），设置"子报表"的"源对象"为"成绩表"，"链接字段"为"学号"。

(6)删除子报表的标签控件，各控件设置结果如图 6-5 所示。

(7)将报表视图切换为打印预览视图，查看报表的打印效果，如图 6-6 所示。

图 6-5　"选课成绩子报表"设计界面

图 6-6　选课成绩子报表

(8)关闭打印预览视图，单击"保存"按钮，设置报表名称为"选课成绩子报表"。

练 习 题

1. 基于"学生"表，使用"创建空报表"创建一个能够输出学生部分信息(学号、姓名、性别和籍贯)的报表。

2. 基于"学生"表，使用"标签向导"创建一个学生的标签，要求输出：学号、姓名和政治面貌。

3. 基于"工资"表，创建"教师工资明细报表"，在设计中使用计算字段来计算教师的所得税和实发工资，并按照院系代码统计各院系工资总额、平均工资以及全校教师工资总额。

4. 在"学生基本信息报表"报表的页面页脚的右侧添加页码，页码的格式为："第 N 页，共 N 页"；并在报表的列标题下和每页的末尾添加一条水平直线。

5. 以"成绩"表为数据源，创建每个学生的"学生选课成绩报表"。

6. 以"学生基本信息报表"为主报表，"学生选课成绩报表"为子报表，组合成主子报表。

实验 7　宏

【实验目的】
- 掌握如何创建宏
- 了解操作序列宏、条件宏和宏组
- 掌握如何将宏和对象的事件关联
- 了解如何保存宏和运行宏
- 掌握如何建立嵌入宏
- 掌握如何建立自动运行宏

【实验内容】

为如图 7-1 所示的窗体创建宏，实现按钮的功能。

1．为"打开学生表"按钮创建名为 OpenStudentTable 的操作序列宏。

(1)打开"学生"表。

(2)弹出消息框，显示"学生表已打开"。

2．为"打开学生窗体"和"打开成绩报表"按钮创建名为 SubMacro1 的宏组。

(1)创建打开学生表窗体子宏，名称为 OpenStudentForm。

(2)打开成绩报表子宏，名称为 OpenScoreReport。

3．为"退出"按钮创建嵌入宏。

4．将宏和按钮的事件关联上。

5．建立自动运行宏，启动教学管理窗口。

【操作步骤】

1．创建 OpenStudentTable 操作序列宏。

(1)创建宏。

在"创建"选项卡的"宏与代码"组中，单击"宏"按钮，打开宏设计器。

(2)添加打开表操作。

① 添加 OpenTable 操作。

单击"添加新操作"下拉列表的向下箭头，单击 OpenTable 操作。

② 设置参数。

如图 7-2 所示，单击"表名称"后面的下拉列表，选择"学生"。

(3)添加显示信息操作。

① 添加 MessageBox 操作。

从"操作目录"窗格中的"操作"树下"用户界面命令"节点中找到 MessageBox 命令，将其拖动到"宏设计器"窗格中。

② 设置参数。

如图 7-2 所示，在"消息"文本框中输入"学生表已打开"。设置"标题"参数为"宏的提示信息"。

图 7-1　教学管理窗体

图 7-2　打开学生表宏

(4) 保存并命名宏。

单击保存按钮，或关闭宏，将宏的名称命名为 OpenStudentTable。

2. 为"打开学生窗体"和"打开成绩报表"按钮创建名为 SubMacro1 的宏组。

(1) 创建 SubMacro1 宏。

在"创建"选项卡的"宏与代码"组中，单击"宏"按钮，打开宏设计器。单击"保存"按钮，命名为 SubMacro1。

(2) 创建打开学生表窗体子宏，名称为 OpenStudentForm。

① 创建子宏。

将操作目录中的 Submacro 程序流程拖动到"添加新操作"框中，或直接在"添加新操作"框中选择 Submacro。

② 定义子宏名称。

在"子宏"框中输入子宏名称 OpenStudentForm。

③ 为子宏添加操作。

在子宏块中的"添加新操作"框中添加操作 OpenForm，然后填入参数，如图 7-3 所示。

(3) 创建打开成绩报表子宏，名称为 OpenScoreReport。

方法步骤和上面所述相似，具体参数设置如图 7-4 所示。

图 7-3　OpenStudentForm 子宏

图 7-4　OpenScoreReport 子宏

3．为"退出"按钮创建嵌入宏。

(1)使用设计视图或布局视图打开"教学管理"窗体。

(2)打开"退出"按钮的属性窗口。

(3)单击"事件"选项卡。

(4)单击"单击"事件右边的"生成"按钮 ⚫⚫⚫ 。

(5)在弹出的"选择生成器"窗体中选择"宏生成器"，如图 7-5 所示。

图 7-5　创建嵌入宏

(6)在宏中添加 CloseWindow 操作，不需要填入任何参数。

(7)关闭并保存宏。

4．将宏和按钮的事件关联上。

(1)打开"打开学生表"按钮的属性窗口，在"单击"事件框中下拉箭头，选择 OpenStudentTable。

(2)打开"打开学生窗体"按钮的属性窗口，在"单击"事件框中下拉箭头，选择 SubMacro1.OpenStudentForm。

(3)打开"打开成绩报表"按钮的属性窗口，在"单击"事件框中下拉箭头，选择 "SubMacro1.OpenScoreReport"。

(4)运行"教学管理"窗体，单击各按钮运行宏。

5．建立自动运行宏，启动教学管理窗口。

创建一个名为 AutoExec 的宏。保存宏，然后退出 Access 2010，再重新启动 Access 2010，如图 7-6 所示。

图 7-6　自动运行宏

练 习 题

1. 创建一个菜单宏，使得可以在实验 7 创建的窗体上单击鼠标右键，显示含有"打开学生表"、"打开学生窗体"、"打开成绩报表"和"退出"四个菜单项，每个菜单项都可以调用相应的功能。

2. 建立如图 7-7 所示的计算除法的窗体，并在"计算"按钮中建立嵌入宏。要求当用户点击"计算"按钮时，除能在结果文本框内显示计算结果外，还可以当出现用户输入的数据类型不正确或除数为 0 时提示错误信息。

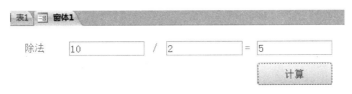

图 7-7 除法窗体

要求：需要在宏中使用"OnError"操作，具体参见教材第 9 章 9.3.2 节。

提示：给控件设置值可使用"SetValue"操作。